青少年 科普知识 读本

打开知识的大门，进入这多姿多彩的殿堂

重点推荐

行星大探秘

玲 珑◎编著

河北出版传媒集团
河北科学技术出版社

图书在版编目(CIP)数据

行星大探秘 / 玲珑编著. --石家庄：河北科学技术出版社，2013.5(2021.2 重印)
ISBN 978-7-5375-5802-0

Ⅰ.①行… Ⅱ.①玲… Ⅲ.①天文学-普及读物 Ⅳ.①P1-49

中国版本图书馆 CIP 数据核字(2013)第 074765 号

行星大探秘
xingxing da tanmi
玲珑　编著

出版发行	河北出版传媒集团
	河北科学技术出版社
地　　址	石家庄市友谊北大街 330 号(邮编:050061)
印　　刷	北京一鑫印务有限责任公司
经　　销	新华书店
开　　本	710×1000　1/16
印　　张	13
字　　数	160 千字
版　　次	2013 年 5 月第 1 版
	2021 年 2 月第 3 次印刷
定　　价	32.00 元

前言

Foreword

  我们生活着的这个世界充满了无数的谜题，为了探索这些谜题，人类正在一步一步地前行。如今，我们已经知道自己生存在一个美丽的星球上，这个星球叫地球，而它只是茫茫宇宙中无数星球中的一个。它围绕着一颗恒星——太阳旋转，因此被称为行星。而在宇宙中，恒星、行星，都数不胜数。这一本书，讲述的就是行星的故事。

  虽然人类的科技已经发展到了一定的地步，人类的探索已经冲出了地球，进入太空。但是相对于宇宙而言，我们所知道的还非常有限。即使在地球上，我们也有着无数尚未解决的谜。关于行星的奥秘，我们只是了解了一部分。然而，人类的好奇心和求知欲不会减少，人类的进步会在这种答疑解惑的探索过程中慢慢实现。

  为了让青少年读者对行星知识有更多的了解，我们精心编撰了这本《行星大探秘》。我们精选了世界上诸多的悬疑探索，包括人类已经展开的对太阳系内行星的探索，也包括我们地球本身的一些探索。这其中，有绚丽多姿、不可思议的星空，有令人遐想的史前文明，有动人心魄的考古发现，也有大自然的奇妙杰作。

在编撰过程中，本书的编者利用大量时间整理各种资料，力求书中的叙述都有据可依。本书语言文字通俗易懂，插图清晰直观，以灵活多样、图文并茂的形式叙述行星的奥秘。我们期待青少年读者能通过本书领略到一个精彩玄妙、诡异斑斓的未知世界，从而拓展视野，开启心智，在思考与探索中步入新知识的殿堂。

Foreword

前言

第一章 神秘的行星

八大行星分类 …………………………………… 2
水星 ……………………………………………… 3
水星探秘 ………………………………………… 5
水内行星是否存在 ……………………………… 7
太阳系最亮的行星 ……………………………… 9
对金星的探索 …………………………………… 10
发射人造金星卫星 ……………………………… 11
"麦哲伦"号金星探测器 ………………………… 12
探索火星 ………………………………………… 13
火星上的运河 …………………………………… 15
火星上不可思议的山洪暴发 …………………… 16
火星生命之谜 …………………………………… 18
奇妙土星的极光 ………………………………… 19
探索土星之谜 …………………………………… 20
美丽的土星环 …………………………………… 21
"行星之王"——木星 …………………………… 23
飞向木星的"伽利略"号 ………………………… 24

发现天王星 …………………………………… 25
探索天王星 …………………………………… 26
"旅行者"2号飞向天王星 …………………… 27
探索海王星 …………………………………… 28
揭开海王星的神秘面纱 ……………………… 30
曾经的第九大行星——冥王星 ……………… 31
小行星与矮行星 ……………………………… 31
形状不规则的小行星 ………………………… 32

第二章 守卫行星的卫星

金星的卫星 …………………………………… 34
观测火星的卫星 ……………………………… 35
土星的卫星 …………………………………… 36
土星卫星带来的新猜想 ……………………… 39
木星的卫星 …………………………………… 40
木星的众多卫星 ……………………………… 41
天王星的卫星 ………………………………… 42
海王星的卫星 ………………………………… 43
地球的卫星——月球 ………………………… 43

第三章　孕育生命的行星

地球的起源之谜 ················· 48
地球的年龄是多大 ··············· 51
探询地球的内部 ················· 53
地球的大气层 ··················· 54
地球上的水圈 ··················· 58
独特的生物圈 ··················· 59
地球的公转 ····················· 62
地球的自转 ····················· 69
地球上发生的神秘突变事件 ······· 73
地球灾难之谜 ··················· 79

第四章　地球的万千气象

风 ····························· 88
云 ····························· 92
雪 ····························· 101
雨 ····························· 104
霜 ····························· 106

雾 …………………………………………………… 108
冰雹 …………………………………………………… 111
闪电 …………………………………………………… 117
露水 …………………………………………………… 122
雨凇 …………………………………………………… 124
雾凇 …………………………………………………… 130
彩虹 …………………………………………………… 133

第五章　神秘的自然景观

地球上最深的峡谷 …………………………………… 138
地球最宽的瀑布 ……………………………………… 143
非洲最大的瀑布 ……………………………………… 145
神奇的科罗拉多大峡谷 ……………………………… 149
地球最高峰——珠穆朗玛峰 ………………………… 155
地球屋脊——喜马拉雅山脉 ………………………… 158
地球流量最大的河流 ………………………………… 166
流经国家最多的河流 ………………………………… 173
阿尔卑斯山 …………………………………………… 181
波拉波拉岛 …………………………………………… 187
地球最深的淡水湖 …………………………………… 189
地球最大的沙漠 ……………………………………… 192
地球最大的断裂带 …………………………………… 196

第一章
神秘的行星

行星大探秘

八大行星分类

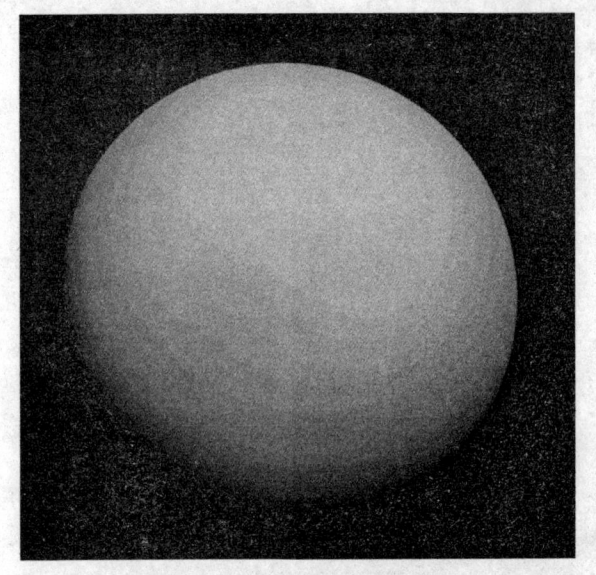

行星的分类方法有很多种。在太阳系中，如果按轨道的位置来分，可以分为内行星和外行星两大类。运行轨道在地球轨道之内的行星有水星和金星，它们叫做"内行星"；运行轨道在地球轨道之外的行星，有火星、木星、土星、天王星、海王星，它们就叫做"外行星"。

如果按照物理性质来分，又可以分为类地行星和类木行星两大类。物理性质与地球类似的行星被称为"类地行星"，这类行星有地球、水星、金星、火星，它们体积小、密度大、自转较慢，卫星较少或没有卫星；物理性质与木星类似的行星叫"类木行星"，这类行星有木星、土星、天王星和海王星，它们体积大、密度小、自转相当快、卫星多。

水　星

水星的英文名字 Mercury 来自罗马神话中的墨丘利（赫耳墨斯），他是罗马神话中的信使。原因是水星围绕太阳的公转周期是 88 天，是太阳系中公转最快的行星。在公元前 5 世纪左右，当时普遍认为水星是两个不同的行星，原因是它时常交替地出现在太阳两侧不同的位置。于是人们给这"两颗"行星取了不同的名字：当出现在傍晚时，它被叫做墨丘利；但是当出现在早晨时，为了纪念太阳神阿波罗，它被称为阿波罗。直到后来才由毕达哥拉斯指出人们的错误，它们实际上是同一颗行星。

在中国，水星称为辰星，它是八大行星中最小的行星，也是太阳系最内侧和最小的行星，但仍比月球大 1/3。水星是太阳系中运动最快的行星。在太阳系所有的行星中，水星有最大的轨道离心率和最小的转轴倾角，每 87.969 地球日绕行太阳一周。水星每绕轴自转 3 圈时也绕着太阳公转 2 周。水星绕日公转轨道近日点的进动每世纪多出 43 弧秒的现象，在 20 世纪才通过爱因斯坦的广义相对论得到解释。从地球看水星的亮度有很大的变化，视星等为 −2.3～5.7 等，但是它与太阳的分离角度最大只有 28.3°，因此很不容易看见。除非有日食，否则在阳光的照耀下通常是看不见水星的。在北半球，只能在凌晨的曙光或黄昏的暮光中看见水星；当大距出现在赤道以南的纬度时，在南半球的中纬度可以在完全黑暗的天空中看见水星。

水星表面和月球一样，到处凹凸起伏；大小不一的环形山星罗棋布，悬崖耸立，峡谷幽深，随处可见绵延的山脉及一望无际的平原和盆地。但通过仔细检查"水手10号"所拍的照片，科学家们还是发现了水星和月球地貌的差别。

首先，水星环形山密集分布的地区，中间有众多平坦的山间平原，这在月球上是难以见到的，月球表面上密布的环形山是叠加的，彼此之间根本不存在平地。科学家认为，这是由于水星和月球表面引力系数不同造成的。同地球引力相比，月球表面引力是0.16牛/千克，水星上表面引力为0.38牛/千克（把地球的表面引力系数取作1.00牛/千克。如果一个人在地球上重量是50千克，到月球上就只重8千克，到水星上会重19千克）。环形山都是由无数陨星撞击形成的，受碰撞时溅出的物质散落面积因引力大小而不同，水星上抛射物散落面积小，二次撞击后所形成的环形山紧靠着初次撞击所形成的环形山附近；而在月球表面上，二次环形山就可以远距离分散在六倍大的面积上。由此，水星上未受任何撞击的古老平原不容易被环形山全部占据，而是间或存在于环形山之间。

其次，水星表面处处都有扇形峭壁，称为"舌状悬崖"，高1~2千米，长几百千米，这些悬崖被认为是巨大的褶皱，但这在月球表面是无论如何也看不到的；水星上最高的峭壁达3千米，绵延数百千米，例如水星北极附近的维多利亚悬崖。

"水手10号"还发现水星有一个磁场，虽然地球磁场比它强上100倍，但水星上的确存在类似于地球的双极磁场，且比金星和火星的磁场强大很多。这一点纠正了1974年以前的错误观念，人们一直以为水星由于自转缓慢，所以不会产生磁场。

水星周围有磁场，这就意味着水星必定有一个铁质的内核，只有这样，水星才会有永恒的磁场。科学家精密计算出铁质内核的直径为3600千米，竟和月球大小极其相似。因为水星密度很大，它的体积只有地球的5%，所以水星这个铁质内核该是异常巨大而坚硬的。

水星探秘

在肉眼能看到的五大行星中，水星是最难以捉摸的。因为它离太阳最近，躲藏在强烈的阳光里，难以一睹它的容貌。就连鼎鼎大名的天文学家哥白尼，也因没有看到过水星而遗憾终身。但是在机会碰巧的情况下，水星会从太阳面前经过。这时，人们可以看见在明亮的太阳圆盘背景上出现了一个小圆点，那就是水星，这种现象叫做"水星凌日"。上两次看到的"水星凌日"发生在2003年5月7日和2006年11月8日中午前后。

水星凌日时，水星在太阳明亮的背景上呈现一个黑点，仔细观察会看到水星的边缘异常清楚，这说明在水星上是没有大气的。

由于水星离太阳比地球近得多，只有日地距离

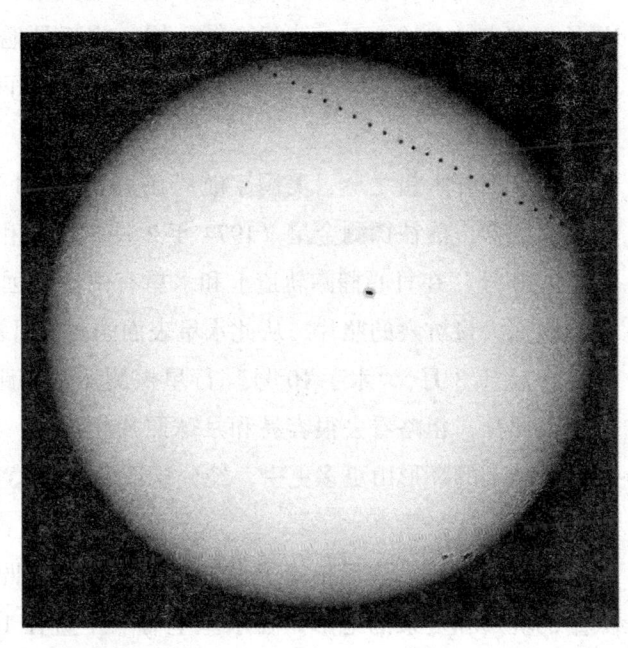

的一半不到,所以在水星上看太阳就比地球上看到的大得多,当然也更耀眼。更为奇特的是,因为水星上没有大气,所以可以看到星星和太阳同时在天空中闪耀。

在太阳系的八大行星中,水星获得了几个"最"的纪录:

(1)水星和太阳的平均距离为5790万千米,约为日地距离的0.387倍,是距离太阳最近的行星,到目前为止还没有发现有比水星更接近太阳的行星。

(2)水星离太阳最近,所以受到太阳的引力也最大,因此它在轨道上跑得比任何行星都快,轨道速度为每秒48千米,比地球的轨道速度快18千米。这样快的速度,只用15分钟就能环绕地球一周。

(3)水星年是太阳系中最短的。它绕太阳公转1周只有88天,还不到地球上的3个月。在希腊神话中水星被比作脚穿飞鞋、手持魔杖的使者。

(4)水星距离太阳非常近,又没有大气来调节,在太阳的烘烤下,向阳面的温度最高时可达430℃,而背阴面的温度则低到-160℃,真是一个处于火与冰之间的世界!昼夜温差近600℃,夺得行星表面温差最大的冠军当之无愧。

(5)在太阳系的行星中,水星"年"时间最短,但水星"日"却比别的行星长,在水星上的一天(水星自转一周)将近是地球上的两个月(为58.65个地球日)。在水星的一年里,只能看到两次日出和两次日落,那里的"一天半"就是"一年"。

为了揭开水星之谜,美国宇航局在1973年11月3日发射了"水手10号"行星探测器,前往探测金星(1974年2月5日)和水星(1974年3月29日)。"水手10号"在日心椭圆轨道上和水星有两次较远距离的相遇,拍摄了第一批水星表面大量坑穴的照片。从此水星表面的真面目被逐渐地揭开了。

1974年3月,"水手10号"行星探测器从相距20万千米处拍下了水星的近距离照片,粗略看去很容易和月球照片相混淆,但仔细去看,水星表面的坑穴比月球上的环形山更多更密,经分析证实这些大多是40亿年前被陨星撞击形成的。

"水手10号"先后拍摄了水星表面两千多张照片,清楚地看到水星表面有大量的坑穴和复杂的地形。在水星上有一个直径1300千米的巨大的同心圆构造,这很可能是一个直径有100千米的陨星冲撞而形成的,它很像月球背面

"东方"盆地的情形。这个同心圆构造位于水星赤道地带，特别热，所以用热量单位"卡路里"来命名，叫做卡路里盆地。另外有的坑穴还有像月球上某些环形山具有的辐射状条纹。这也许是因为小的天体撞击水星时，产生了许多小碎片，向四方飞散而造成的，有的长达400千米。水星表面共有100多个具有放射状条纹的坑穴。

水内行星是否存在

众所周知，在太阳系中，从离太阳最近的水星，到目前离太阳最远的海王星，总共有8大行星。

但是，近些年来，人们怀疑还有第九个行星存在，为什么呢？

天文学家们发现，有一个物体在扰乱天王星和海王星的轨道。与其说天王星和海王星有一条环绕太阳运行的平稳轨道，倒不如说它们有自己的摄动轨道。许多年来，一些天文学家认为这种摄动来源于它们的远邻冥王星的重力吸引。

这种重力吸引主要取决于冥王星的质量和冥王星与它们之间的距离。**物体质量越大，其重力对其他物体吸引力也越大，然而，当物体之间距离增加，吸引力则相应减弱。**科学家们知道冥王星与海王星、天王星之间的距离，但没人知道冥王星的质量是多少，如果冥王星的质量约等于或超过地球的质量，那么科学家就可以推算出，冥王星的吸引力将发挥在邻近的两颗大行星的摄动量上。

然而，1978年6月22日，美国海军天文台的克里斯蒂在一张冥王星的底片上发现它的边缘有一个小小的突起，再查看以往的底片，同样有这种现象，并且位置有规律地变化着，克里斯蒂认为这是冥王星的卫星，取名"卡龙"。这颗取名"卡龙"的冥卫星以6.39天围绕冥王星转一周，它的轨道置于冥王星17 000千米。由此算出冥王星的直径为2200千米。

这一发现导致出一个必须正视的结论：冥王星不像天文学家推想的那样重，其质量加上它的卫星"卡龙"的质量或许仅有地球质量的1/400。它的引力不足以扰乱天王星、海王星的轨道。

那么是什么物体在扰乱天王星和海王星的轨道呢？答案是可能还有一颗第九大行星存在。据推测它存在的形态有以下三种可能性。

第一种可能：这颗行星的大小、质量大约与海王星或天王星相同，在离海王星约8亿千米处围绕太阳运行，距离较远，然而这样一颗距离远的行星却能够引起海王星和天王星的摄动。假如第九大行星还要远些，就得同木星一样大，或许当今能够观测出来。

第二种可能：是一种暗淡的约有太阳大小的星体在活动，这个星体在距离冥王星的轨道约80亿千米的地方，换言之，是地球到太阳距离的800倍以上，天文学家认为，许多星体在远处都有"暗淡的伙伴"。

第三种可能：是有一种约是太阳质量10倍的物体，由于自身的奥秘，潜在160亿千米的黑暗之中，环绕太阳系旋转，它很黑，看不见。"黑洞"就是一种密度极大，导致它的吸引力不允许界内的任何物体逃出的天体。在这样大的距离上，黑洞引力之强足以使海王星和天王星摄动。

美国海军天文台的天文学家利用大型电子计算机开展对太阳系"第九大行星"的寻觅工作。他们首先估算了"第九大行星"的可能质量和距太阳的大致距离，然后把有关天文资料输入电子计算机进行计算，确定一系列便于进行观测的空间区域，最后用天文望远镜对计算出的区域进行搜寻。

新西兰布莱克泊奇天文台也在积极地进行寻找工作。天文学家认为，这颗未知行星有地球3～5倍大，绕太阳一周大约需要1000年，它与太阳的距离约是冥王星与太阳距离的5倍。

然而英国谢菲尔德大学的戴维·休斯提出了不存在第九行星的理由：首先，

凝聚成行星的原始星云，没有扩散到比冥王星轨道更远的地方；其次，即使星云扩散到冥王星外更远的地方，太阳系也没有足够的时间在离太阳如此遥远的距离处把原始星云凝聚成行星。

太阳系最亮的行星

除了太阳和月亮，用肉眼看上去，天空中最亮的天体是金星。金星最亮的时候，比著名的亮星天狼星还亮 14 倍。白天它不会被阳光完全淹没，夜晚还能把人和物体照出影子。

金星在不同的国家和地区有着不同的名字。我国古代把金星称为"太白金星"。现在，我们把太阳升起之前就出现在东方的金星，称为"启明星"，表示距天明不远；把傍晚时候，低垂在西边地平线上的金星，称为"长庚星"，预示着漫漫长夜即将到来。古罗马人把金星想象成爱与美的女神的化身，名字叫做"维纳斯"。

金星的自转很特别，自转方向与大多数行星相反，是自东向西转，人们称之为"逆向自转"。因此，从金星上看，太阳是打西边升起来，从东边落下去。金星自转得非常慢，它自转一周相当于地球上的 243 天。金星绕太阳公转的轨道是一个较圆的椭圆形，其公转速度约为每秒 35 千米，公转周期约为 224.7 天（按照地球的天数算），比它自转一周的时间还短一些。

当金星运行到太阳和地球之间时，我们可以看到在太阳表面有一个小黑点慢慢穿过，这种天象叫做"金星凌日"。我们用肉眼也许能看到金星凌日，但效果肯定不好。如果我们用天文望远镜在天气条件好的情况下观看，就可以看到由金星大气折射成的光圈。如果当天日面上黑子较多，还可能出现金星掩太阳黑子的现象，蔚为壮观、奇妙。

对金星的探索

"维纳斯"是爱和美的女神的名字。金星是人们最喜爱而又美丽的行星，因此西方人把金星叫做"维纳斯"。金星给人类留下了许许多多美丽的传说，促使人类去探索去证实。进入20世纪60年代后，人们把探测的目标瞄准了金星。

1961年2月4日，苏联在拜科努尔火箭发射场升空了第一颗重618.3千克的金星无人探测器"巨人号"，很可惜失败了。2月12日苏联又发射了探测器"金星1号"。它重643.5千克，备有2块太阳能电池板和直径2米的折叠式抛物面天线。5月19日至20日从距离金星10万千米的地方通过，由于无线电通信系统出现故障，又未能对金星进行考察。

1962年7月22日，美国将重200千克的"水手1号"金星探测器，从卡纳维拉尔角用"阿特打斯—阿吉纳"B火箭发射，因火箭的电子计算机程序出现故障，造成了火箭的控制系统失灵，使发射失败。一个月后，美国又发射的"水手2号"顺利地进入金星轨道，于1962年12月14日从距离金星34 752千米的地方通过，此时"水手2号"距地球约760万千米，由于无线电通信正常，"水手2号"上的红外探测器等科学仪器把金星表面的温度（427℃）和所得的其他数据准确地传送回地面，创造了航天史上的又一奇迹。"水手"号探测器，是美国行星和行星际探测器系列。从1962年7月至1973年11月共发射10个，其中3个飞向金星，2个成功；6个飞向火星，4个成功；另一个是对金星和水星进行双星观测，成为第一个双星观测器。

发射人造金星卫星

为了真正弄清"维纳斯"——金星的真面目，苏联从1961年先后发射了8颗探测器。1975年6月8日又发射了第9颗探测器"金星9号"。1975年10月22日，即发射后的第106天，着陆舱软着陆在金星表面，轨道舱则继续绕金星飞行，该轨道舱即成了航天史上第一颗人造金星卫星，它也是世界上第一颗人造行星卫星。由于金星大气十分稠密而且被电离了，原来拍摄的照片只能看到一片云，因此它又成了掀开"维纳斯"的面纱，拍摄"维纳斯"真正"脸庞"照片的航天器。

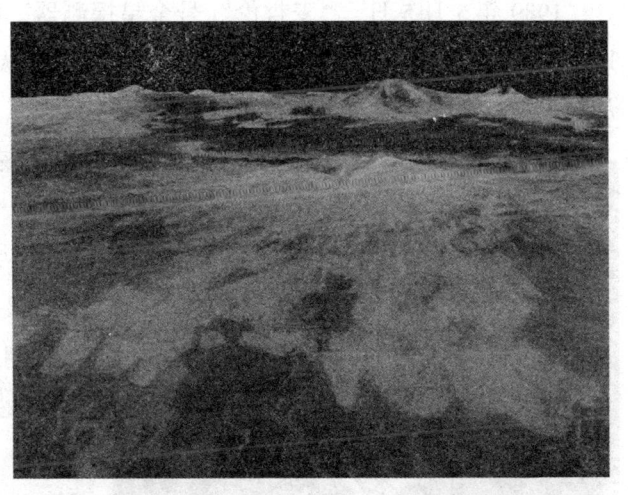

"金星9号"轨道舱，可对金星进行自行观测，又能作为无线电中继站，把着陆舱在金星表面拍摄的金星照片以及测得的风速、压力、温度、太阳辐射量、大气层密度及成分等数据及时转发给地球。"金星9号"的最大功绩在于帮助人类第一次弄清了一些金星之谜。

"麦哲伦"号金星探测器

麦哲伦是葡萄牙的航海者，16 世纪 20 年代初，他率领船队完成了首次环绕地球的航行。

1989 年 5 月 5 日，"麦哲伦"号金星探测器，由美国航天飞机"亚特兰蒂斯"号携上太空。它是美国 11 年来发射的第一个从事星际考察的探测器，也是从航天飞机上发射的第一个担负这种任务的探测器。

"麦哲伦"号探测器将在太空游弋 15 个月，行程约 13 亿千米，计划 1990 年 8 月飞入金星引力圈内，最后点燃火箭发动机，进入一条周期约为 3 小时的绕金星轨道。

"麦哲伦"号探测器的主要使命是：了解金星的地质情况，如表面构造、电特性等；研究火山和地壳构造以及形成金星表面特性的原因；了解金星的物理学特性，如密度分布和金星内部的力学特性等。

"麦哲伦"号探测器上采用了先进的合成孔径雷达，对金星进行探测，并绘制金星图像。

1990 年 8 月 10 日，"麦哲伦"号探测器顺利到达金星。8 月 16 日，探测器上的合成孔径雷达开始对金星表面进行探测，虽然只获得金星表面的一小部分资料，但图像非常清晰，可以清楚地辨认出断层、火山熔岩流、火山口、高山、峡谷和陨石坑。"先驱者金星"号探测器发现金星上可能曾经有过水,"麦哲伦"号将要"看看"金星上是否有河床和海滩等。

在西方被称为女神维纳斯的金星,总被浓云密雾包围着,让"麦哲伦"号透过浓云密雾,早日揭开金星的面纱。

探索火星

火星是天空中一颗红色的星星,它的半径只有3395千米,是地球半径的0.53倍,相当于月球那么大。火星一直是颗神秘的星,关于火星的种种美好传说在社会上十分流行,甚至连最谨慎的科学家,都悄悄地谈论过下面的设想:几万年前,人类文化还刚刚在地球上产生的时候,火星上已形成一个技术高度发达的文明社会,他们运用先进的挖掘机械,在整个可耕区,建筑了完整的灌溉"运河"网。火星上存在着生命,这不仅是科普作家喜爱的一个题材,很多人认为,火星上至少有植物存在。这一切,强烈地吸引着人们去探测火星的奥秘。

1894年,出身波士顿名门望族的天文学家洛韦尔开始以极大的热情,宣传火星是颗有生命星球的理论,引起了强烈的社会反应。从1901年到1921年,有许多人声称他们曾接收到来自火星高级生命发来的电讯信号。1958年,苏联一位天文学家发表过惊人的推测:火星的两颗小卫星是由金属构成的,而且是中空的。他认为火星人发射这两颗卫星，是为了在火星文明被毁灭之前保留火星文明的精华，但这一推测一直没有得到证实。

一位天文学家通过天文望远镜声称发现了火星上存在一条很长的"运河"一度使人们对火星上存在高级生命充满狂热。不过没多久，所谓的"运河"被证明只不过是火星上一条狭长的裂缝。美国连续发射了"海盗1号"和"海盗2号"连个火星探测器，测知火星表面确实有一层薄薄的含少量氮的大气层，可是那里气压太低，使火星两极的水分很快蒸发，不可能有长期水体的存在。探测器中所携带的生命探测仪所做的三项试验，其中两项得到否定的结论，只有一项试验得出模棱两可的结果，表明火星是不存在生命的，按照人类的一贯思维，火星也不具备存在生命的条件，从而使火星上不存在生命几乎成了定论。

但是，这个问题又再一次掀起波澜。美国地球物理学会的科学家菲尔·克里斯坦森在该学会最近召开的一次会议上说，火星上一个巨大的赤铁矿床使人们推测这颗星球上曾经在相当长一段时间内有水存在，因而可能形成生命。赤铁矿是一种氧化铁矿，其形成的方式多种多样，通常都有水的参与。火星上发现的这种粗粒赤铁矿在地球上可见于黄石国家公园这类火山地带。利用"环火星勘探者"卫星研究火星的科学家们说，这是火星地表以下有大规模热液系统活动的证据。

在火星上空绕轨道飞行的"环火星勘探者"卫星上安装的激光测高仪绘制了火星的地貌，并在1997年4月份发现了火星北极极冠及周围地形的新信息，包括与北非沙丘具有相似特征的沙丘原。这台测高仪还发现在火星极冠上空有高空云存在。苏联公布的拍摄到的火星表面照片，使人们对火星产生了新的看法。这些照片清楚地表明火星上的一个区域内，存在大规模的、呈倒塌状的规则结构。宇航专家推测，这是一个巨大城市的遗迹，它表明至少若干年前火星上存在过高级智能生命，至于现在这些生命是否存在或者是这些生命为什么不存在的原因等问题，还有待于进一步分析研究。

火星上的运河

运河是人工开凿的河道,如果承认火星上有运河,就等于承认火星上有智慧生命存在,这无疑是一个令人们感兴趣的问题。

最早指出火星上有运河的,是意大利天文学家斯基阿帕雷利。他在1877年利用火星近日点与地球会合的机会,用口径24厘米的望远镜观察火星,发现在火星的圆面上有些模糊不清的直线条,这些暗线把一个个暗斑连接起来。他经过继续观察又发现,有的暗线宽达120千米,长4800千米,纵横交错,形成覆盖火星大陆的网络,并发现有两条暗线相互平行,还有季节变化。他还将自己的发现绘制成图表,公诸于世。开始,斯基阿帕雷利猜测这些暗线只是连接海湾的水道,并未说明这是人工开凿的运河。但到了19世纪80年代,他的发现引起了人们的关注,有人把这些暗线说成是智慧生物开凿的运河,这个人就是美国的洛韦尔。

洛韦尔被斯基阿帕雷利的发现迷住了。为了观察火星,他自己出钱在亚利桑那州建了一个天文台。经过多年的观测,不但证实了斯基阿帕雷利的发现,还新发现了几百条新的河道,说火星表面像"蜘蛛网"一样。他还把自己的观测写成三本书:《火星》《火星及其运河》《火星——生命的住所》。他认为,因为火星表面空气非常稀薄而导致缺水,由冰雪组成的火星极冠到夏季开始融化,成为水源,火星上的水道,目的就是将极冠上的水引向干旱的热带地区,用以灌溉那里的田地。从这些水道看,都是到大陆的中央汇合在一起,显然是有目的地开凿的,其暗斑则是绿洲。

洛韦尔的理论引起了人们的极大兴趣,很快风靡世界。但是,洛韦尔的理论并不是一边倒的,也在不断地受到挑战。比如美国的巴纳德就认为,火星上的暗线根本就不是直的,很不规则,并且是断开的,希腊的安东尼·阿迪通过自己的观测,支持了巴纳德的观点,认为把火星上的暗线条说成是运河,纯粹是眼睛的错觉,"属于想象力过于丰富的人"。

由于上述观点的出现,关于火星上的神话逐渐消沉下来,美国的"水手9号"探测器进一步证明了火星运河的存在是虚假的。不过,"水手9号"却有了意外的发现,那就是火星上有许多类似河床的地质构造,其位置与洛韦尔描绘的大相径庭。

有人把火星上的河床分成三类:经流河床、流出河床与侵蚀河床,与地球上的河床极为相似。他们分析,很久很久以前,火星上曾经有过温暖的气候,它的上空有大气层,有降水,保证了河流的存在。

火星上不可思议的山洪暴发

美国的一位科学家声称,通过分析火星上的呈阶梯状扇面的独特地貌,她认为火星上曾经发生过类似于地球上的山洪暴发。

在美国出版的《自然》杂志上,美国弗吉尼亚州立大学的地球科学家埃林·克拉尔公布了她的这项最新发现。克拉尔称,火星上面有很多盆地,它们看起来很像是扇面,大约有十个扇面呈阶梯状,至于其原因,至今尚未有定论。埃林·克拉尔说:"在地球上没有这样的阶梯状扇面,我们不得不自己模拟一

个。"科学家们在房间大小的沙堆中间挖了一个坑，并模拟水流注入坑中时的场景。当水流过沟渠时，沉积物被侵蚀。水一步步注入盆地中，从而形成阶梯。在进行了阶梯状扇面实验后，科学家们建造了一个沉积物流蚀模型，并使用卫星图像和火星轨道激光高度仪发回的数据研究火星上的扇面。通过对100千米内的盆地中扇面的研究，他们计算出了阶梯状扇面得以形成的条件。

研究者指出，形成这样的阶梯状扇面，只需要大约几十年，而不是像火星上发生的其他地形变化，动辄要上百万年。但这种阶梯状扇面的形成确实需要大量的水，并且这是一气呵成的。研究者克拉尔说，形成这种地貌所需的水量，大约相当于密西西比河10年水量或莱茵河100年的水量注入方圆160平方千米的盆地中。但从火星的图像来看，水的流经方式跟密西西比河毫无相似之处。我们认为水可能来自于地下，是地下水猛烈喷涌至地表而致。克拉尔说，有迹象表明，火星上的水可能来自于大气降水，但形成阶梯状扇面的水显然不是来自于这个。据早前公布的消息，在火星大气中还存在有少量的甲烷气体，而它们很可能是微生物活动的产物。科学家们认为，火星曾经也是一颗与地球一样富有生命力的行星，在其表面也曾分布有海洋、河流、活火山——其中也包括太阳系中最高的奥林匹斯火山。

克拉尔于2007年8月进入弗吉尼亚科技大学，她一直在致力于扇面地形的研究，经常深入极其干旱的地区，因为那里的环境与火星极为相似。火星只是克拉尔对行星表面研究的领域之一。她说，我们能看到行星地表运动中存在着很多相似的过程，这非常有趣。比如，在土卫六上似乎也有扇面地形，而土卫六与火星相比，其引力系数、岩石类型、地表大气等都不一样。对于地球来说，植被对地表的影响巨大，而在火星上，我们有更纯的环境，没有植被的影响，这使我们在研究它的地表形态变化时，少了一个变数。研究小组考虑到沉积物外形和颜色等诸多因素，最终认定造成这种地质状况的原因是液态水活动而非尘埃。如果是尘埃的话，沉积物会呈现黑色。由于火星表面温度低于0℃，而且大气压偏低，水在那里会很快变成固态冰或气态的水蒸气，因此水无法在火星上长期以液态形式存在。但科学家提出了一种理论似乎也有道理，即液态水是从地下喷射出火星表面的。

美国其他的火星研究专家也认为，一些火星照片上的奇特地形很可能是以前洪水的遗迹。他们指出，曾几何时，曾有洪水猛烈冲刷过这片区域的岩石。专家们同时提醒说，火星上即使现在也仍有水存在，不过它们均以冰的形式分布在火星两极和土壤之中。此前的研究显示，在火星南极地区存在着一座巨大的冰湖。如果其全部融化，那么整个火星表面将被厚达11米的水层所覆盖。"火星快车"号以前传回的观测数据显示，火星南极地区冰湖的厚度达到了3.7千米。就成分来说，火星冰湖至少由90%以上凝结的水组成。根据初步的评估，火星北极区域蕴含的冰层数量丝毫不亚于南极地区。火星两极的巨大冰湖均隐藏在红色的沙土之下，最早是由美国的"奥德赛"探测器在2002年5月发现的。

火星生命之谜

火星是太阳系中的第4颗行星，也是我们地球的邻居。火星上有没有生命一直是科学家们多年来争论不休的问题。大多数科学家持否定态度——认为在火星上不可能存在生命，哪怕是极小的微生物，但有一些科学家坚持认为，火星上可能存在生命现象。

1976年7月20日在火星表面软着陆的美国"海盗1号"探测器，携带一台用来进行生物实验的仪器。这台仪器把一种化学药品注入火星表面9个地点的土壤中，然后检测土壤中有关的生命信号。如果土壤中存在着微生物，它们

"吃掉"化学药品后，会释放气体。由于仪器的灵敏度很高，很容易测到这种气体。果然，这台仪器探测到了微生物的"打嗝"声，因此，一些科学家认为火星上可能存在着生命。

为了进一步证实，又做了另一次实验：把每一份土壤加热到可能不会破坏化合物的温度，然后，再向每一份土壤注入同样的化学药品，实验结果没有气体产生，这说明微生物死亡了。

许多科学家对这些实验提出异议，但有少数科学家仍然坚持认为火星上有生命，并一再建议美国宇航局再次向火星发射探测器，进一步探明火星上有无生命存在。他们认为，如果火星上确实存在生命，且发现火星和地球上的生命之间毫无联系，那就有巨大的科学价值，就可以证实，生命曾不止一次产生过。

奇妙土星的极光

土星的极光一般为椭圆形，周期性地照亮极地。人们认为这种极光与地球极光的形成很相似。2008年11月，美、英等国科学家利用美国宇航局"卡西尼号"飞船上的红外设备，拍下了一种新型的土星极光。在45分钟的时间里，这种新的极光不断地变化，

甚至会消失。这种极光极为神秘，不同于以往在土星或太阳系其他行星上见到的极光，它最主要的特点是亮度很弱。

英国莱斯特大学的一位教授看到如此特别的极光，激动地说："我们从未在别的地方观察到这样的极光。它并不仅仅是一个像我们在木星或地球上看到的极光环，它覆盖了土星极地一块巨大的区域，而根据当前对土星极光形成的观点，这一区域应该是空的。所以，在这里发现极光真是一个意想不到的惊喜。"

科学家们认为，弄清这种极光的起源，将有助于人类深入了解土星。

探索土星之谜

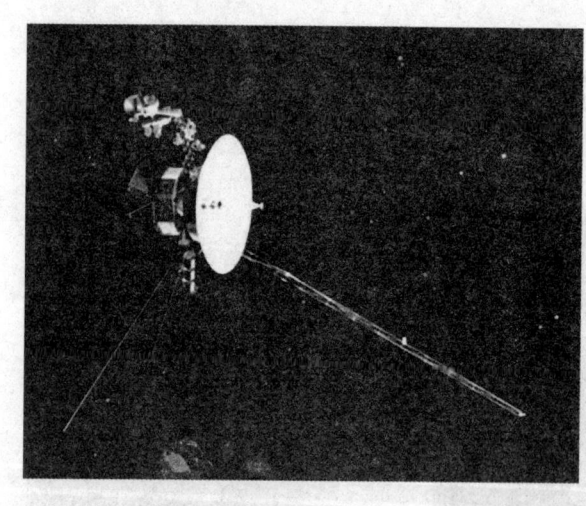

1979年9月，一艘名叫"先驱者11号"的无人驾驶飞船，从土星环的边缘擦过，对土星进行了首次近距离考察，又传来了"土卫六"上可能有生命的信息。

在目前发现的土星卫星中最大的一颗叫"土卫六"，直径5800千米，它有一个密度与地球差不多的大气层，以甲烷和氢气为主要成分，这正是地球上生命出现之前的原始大气。它上面可能还存在着活火山。太阳系中，除了火星可能存在有生命的物体外，"土卫六"也有相当大的可能性，科学家们正满怀着信心，希望能从它身上寻找到原始生命的形式或者有机化合物。

根据概率论计算，仅在银河系中，就存在有100万个技术发达的文明世界。

问题是人类如何能和它们取得联系。1977年8月和9月，美国宇航局发射的两个"旅行者"宇宙探测器，就是一次试图和"宇宙人"取得联系的有趣尝试。

"旅行者"是一种深空考察飞船，"旅行者"1号于1980年12月飞过土星光环。"旅行者"2号于1981年8月飞过土星。1989年当它们越过冥王星时，就飞出太阳的疆界了。它们和"宇宙人"取得联系的主要工具，就是在它们座舱里携带的记录地球和人类起源、演变的各种信息。它们像宇宙广播台，不断地向茫茫的恒星空间发射着这种"地球之音"，是一张30.5厘米直径的铜盘唱片，采用了特殊的录制工艺，使得录下的信息能在宇宙中存在100亿年。

我们期待着有那么一天，地球上某个深空探测跟踪站，会突然接到从遥远的银河系里发来的一份电报："我们收到了'地球之音'，向你们致以热烈的问候——宇宙人。"

美丽的土星环

自1610年伽利略发现土星旁那奇怪的亮物，1659年被荷兰天文学家惠更斯认证为土星光环以后，于1977年，科学家们又发现了天王星光环。1979年，当

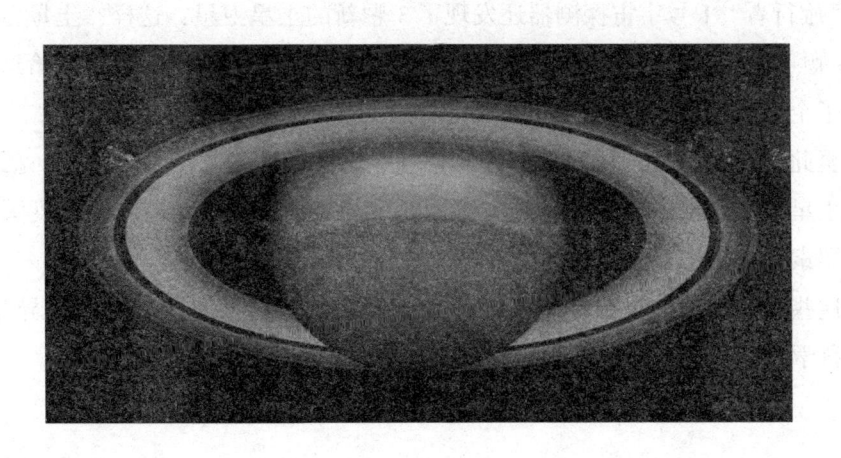

"旅行者"1号空间探测器飞越木星时，又发现了木星暗弱的环。1984年，人们又发现了海王星那不连续的环段。在这些光环中，最为神奇的，要算是土星光环了。

　　土星光环从伽利略发现，到惠更斯确定之后，观察、研究土星光环的工作就一直没有放松过。1675年，法国科学家卡西尼发现土星光环之间有一圈又细又暗的缝隙，被称为"卡西尼环缝"。开始，人们用望远镜观察，只看到了3个同心光环，即A环、B环和C环，又称外环、中环和内环，卡西尼环缝就在A环和B环之间。后来又发现了D环和E环。在B环和C环之间，又发现了法兰西环缝，在卡西尼环缝和A环之间，又发现了恩克环缝。1979年，"先驱者11号"宇宙探测器又发现了F环和G环。F环与A环之间的空隙，被命名为"先驱者环缝"。这样，土星的光环就增加到了7个。

　　可是在1980年11月12日，当"旅行者"1号宇宙探测器发回土星照片时，人们从照片上看到的土星光环，真是令人大吃一惊，那些光环，远比人们在地球上观察到的要复杂得多。人们用望远镜看到的那几条大光环，原来是由数以百计的小光环组成，小光环里还有更小的光环。就连卡西尼环缝里，也发现了20多条地球上看不到的光环。发现不到1年的F环，原来也是由F1和F2两条光环组成的，奇怪的是，这两条光环像发辫一样由几股细环扭结在一起。光环的形状还有螺旋形的、轮辐状的。环的大小相差极为悬殊，大的达到几十米，小的只有几厘米，更小的连环与环之间的界线都分不清。土星的光环是由细小的冰粒或带冰壳的岩石颗粒组成的，围绕着土星旋转。

　　"旅行者"1号宇宙探测器还发现了3颗新的土星卫星，这样，土星卫星就有15颗了。它们像牧羊人保护羊群一样，把F光环夹在中间，有人便给这颗卫星取了个动听的名字："牧羊人卫星。"

　　至此，寻找土星光环的工作并未停止，1983年，美国天文学家明克预言，在离土星85万~115万千米的地方可能还有光环。事隔一年左右，印度天文学家按图索骥，果然在这里找到了一些土星的外环。

　　这些光怪陆离的土星环的发现，为人们提供了许多前所未有的奇异景象，又给科学家们提供了新的课题，需要对这些现象给予恰如其分的解释。

"行星之王"——木星

在太阳系行星的家族中，木星的个头可算是老大了，它的体积和质量分别是地球的1320倍和318倍。此外，它还有个与众不同的特点，它有自己的能源，是一颗发光的行星。在人们的认识中，行星不具备发光能力，是靠反射太阳的光线而发光的。近些年来，人们通过对木星的研究，证实木星正在向周围的宇宙空间释放巨大的能量，它释放的能量，是它从太阳那里所获得的能量的两倍，说明木星释放的能量有一半来自它的内部。

"先驱者"10号和11号飞船探测的结果表明：木星由液态氢构成，它同太阳一样，没有坚硬的外壳，它所释放的能量主要是通过对流形式来实现的。

苏联科学家苏奇科夫和萨利姆齐巴罗夫在1982年发表的看法认为：木星的核心温度已高达28万摄氏度，正在进行热核反应。木星除把自己的引力能转换成热能外，还不断吸积太阳放出的能量，这就使它的能量越来越大，且越来越热，并保证了它现在的亮度。观察表明，由于木星向周围空间释放热能，已融化了它的卫星——木卫一上的冰层。其他三颗卫星——木卫二、木卫三和木卫四仍覆盖着冰层。

就木星的发展趋势来看，很可能成为太阳系中与太阳分庭抗礼的第二颗恒星。据研究，30亿年以后，太阳就到了它的晚年，木星很可能取而代之。

也有人认为，木星距取得恒星资格的距离还很远，虽然它是行星中最大的，但跟太阳比起来，又小巫见大巫了，其质量也只有太阳的1/1000。恒星一般都是熊熊燃烧的气体球，木星却是由液体状态的氢组成。尽管木星也能发光，但与恒星相比，又算不得什么了。所以有人说，木星不是严格意义上的行星，更不是严格意义上的恒星，而是处在行星和恒星之间的特殊天体。

飞向木星的"伽利略"号

在古代，我们的祖先发现，在太空的亿万颗星辰中，有5颗特别明亮的星星穿行其间。这就是水星、金星、火星、木星和土星，而木星的亮度仅次于金星，名列第二。在太阳系的八大行星中，无论从体积或是质量上衡量，木星都是排行第一。

为揭开木星的奥秘，1989年10月18日，美国"亚特兰蒂斯"号航天飞机发射了考察木星的"伽利略"号探测器。

从20世纪70年代初至今，人们孜孜不倦，试图揭示木星的秘密，先后发射了"先驱者"10号、"先驱者"11号、"旅行者"1号和"旅行者"2号等探测器访问木星和它的卫星，人们逐渐揭开了被色彩斑斓的浓密云层笼罩着的木星的奥秘，对木星有了初步了解。

考察发现，木星有一个由大量的黑色碎石块组成的宽大光环，光环的宽度达数千千米，厚度为30千米，组成光环的黑色碎石块大小不等，大的有数百米，小的有数十米。

木星和它的卫星系统很像一个小型的太阳系。"伽利略"号将围绕木星飞行11圈，进行历时两年的考察，它将依次考察木星的4个大卫星：大卫一、大卫二、大卫三和大卫四。它携带的照相机比"旅行者"号上的照相机灵敏度高100倍，加上考察时它靠近木星卫星的距离比"旅行者"号近，因此，"伽利略"号将满载而归。

发现天王星

1781年3月13日，英国著名天文学家威廉·赫歇尔用自己做的望远镜观察到双子座附近有一个暗绿色的光斑。后来，他经过多次观测发现，这颗星星不仅不像其他天体那样闪烁不定，而且还有位置上的变化，于是断定那是太阳系中的天体。这颗新发现的天体就是天王星。

在发现天王星之前，人们只知道太阳系中有水星、金星、地球、火星、木星、土星六颗行星。这次的发现，使人们第一次突破了太阳系以土星为界的范围，开始重新认识太阳系，对行星的划分也有所改变。同时，天王星的发现也燃起了科学家探索新行星的欲望，在天文学上具有极其深远的意义。

行星大探秘

天王星距太阳大约19.2天文单位,在八大行星中的位置排行第七,是我们能用肉眼看到的最暗的行星。人如果站在天王星上,根本看不到水星、金星、地球和火星。这是因为这四颗行星与天王星在同一平面上,而且它们都被太阳的光辉所掩盖住,因此无法看见。

天王星的体积是地球的65倍,仅次于木星和土星,是太阳系行星家族中的"老三"。天王星被一层厚厚的大气包裹着,这层大气的主要成分是氢、氦和甲烷。甲烷反射了阳光中的蓝光和绿光,因此我们看到的天王星呈现出美丽的蓝绿色。

科学家发现,天王星也拥有像土星那样的光环。这些光环拥有缤纷的颜色,使遥远的天王星看起来更加神秘莫测。截止到2005年12月23日,科学家发现的天王星的光环数已经达到13个,由于最后发现的两个光环远离天王星本体,科学家将其称为"第二层光环系统"。

探索天王星

天王星是太阳的第七个行星,1781年才被天文学家发现,美国"航海者二号"无人驾驶太空船,在离地球29亿千米的太空,拍回了大批有关天王星的照片,初步揭开这个星球的神秘面纱。但在"航海者二号"发回照片前,科学家对这颗遥远的行星所知非常有限。在这里,阳光要比地球弱,为1/350,气温大约是-360℃。以地球时间计算,天王星环绕太阳一圈要84年。

最初的一批照片发现天王星最少有14个月亮,直径从32千米到1609千米都有。这些月亮表面满是坑和浮水。继而科学家又发现天王星表面上的云状物原来是永不静止的蓝绿色大海,急速流动的氮和氢造成了强风,吹过结冰的海洋。

现在知道天王星上有水、碳氢化合物和有机气体。一般人最感兴趣的是这个星球上有没有生物呢？因为地球开天辟地的时候，也是先有这三种东西。早在 1979 年，"航海者"发现木星也有月亮。到 1981 年，又在土星的月亮上发现类似地球大气层的有机物，天文物理学家说在这种情况下，有原始生物是有可能的。

另外令科学家感到迷惑的是：木星、土星和天王星都有由灰尘和冰组成的光环。科学家认为，如果能够研究出这些光环的来历，也就可以研究出我们居住的地球的来历。

"旅行者"2号飞向天王星

太阳系八大行星中，天王星地处太阳系的边远地带，距地球约 28 亿千米，相当于地球到土星距离的两倍。它像地球一样有公转和自转，不过由于距太阳太远，绕太阳公转一周长达 84 年之久。天王星是个庞然大物，它的体积比地球大 64 倍，质量约为地球的 15 倍，其大气主要成分是氢和氦。

"旅行者"2号，以每秒 18 千米的速度向天王星进发。

1986 年 1 月 24 日，在距天王星表面只有 107 080 千米处掠过，用它携带的各种现代化科学探测手段，对这颗奇特的大行星进行人类有史以来首次近距离考察，拍摄它多姿多彩的"身姿"及"面容"，并将拍摄的照片及其他信息通过无线电波及时发回地球。经过 2 小时 45 分钟后，这些电波穿越浩瀚的宇宙深空到达地球，由地面的64米大型抛物面天线接收并送入计算机处理。科学家们利用大型计算机进行一系列分析计算，就可以揭开这颗至今了解甚少的行星的真实面目，也为探索太阳系的起源和进化问题提供重要的证据。

"旅行者"2号是何物呢？它是一艘携带各种科学仪器的飞船，重量为820千克，外形为16面体，中央有一个存放燃料的球形箱体，四周安装各种无线电设备，如直径为3.7米的抛物面天线等。

"旅行者"2号飞船携带12种科学仪器，以及"地球之音"——像外星人的问候语和反映地球人类文明的照片。这些科学仪器可分为三大类：一是摄像设备，用于拍摄天王星的各种图像；二是空间环境探测设备，用于探测宇宙射线、宇宙粒子、磁场等；三是射电天文接收机，用于探测大气层和电离层的特性等。"旅行者"2号不负众望，将丰硕成果送到地球。

"旅行者"2号发现，天王星大气中氦的含量为10%～15%，其余是氢。大气中有风暴云，但没有大气漩涡。高层大气的温度很高，在南极上空达1800℃，而北极达2400℃，真令人惊讶！

"旅行者"2号还发现天王星有10颗卫星，但它们都比较小。这样，天王星就有15颗卫星了。地面观测发现天王星有9条环，"旅行者"2号发现它至少有20条环，这些环由冰块组成，个别的为碎石块组成。

"旅行者"2号传回的资料很多，这些资料将帮助人们了解天王星的奥秘。

探索海王星

1989年8月25日，亿万观众从电视里欣赏了"旅行者"发回的神秘太空壮景。

"旅行者"是美国行星和行星标探测系统。"旅行者"1号是1977年8月发射的，"旅行者"2号是1977年9月发射的，它们的任务是详细观测木星、木

星卫星、土星、土星卫星和土星环。

"旅行者"2号经过12年的长途跋涉，到达它的最后一个探测目标，从距海王星4800多千米的最近点飞过海王星，前后共发回6000多张照片。这是人类有史以来从最远距离（与地球相距大约72亿千米），接收关于另一颗遥远行星的照片。由于与地球的距离太远，信号从海王星发回地球，以每秒30万千米的光速传输，也要花4小时零6分钟的时间。这些信号到达地球时已经非常非常微弱，美国宇航局仅靠一座直径60米的巨型天线无法接收到它的信号，需要把设在四大洲上的38座巨型天线连成一个超级天线阵，才能捕获到它的微弱信号。这些信号经过计算机处理，转换成图像显示在荧光屏上，人们才能观看其壮景。

当"旅行者"2号抵达距海王星最近点之后4分钟，"旅行者"2号将所拍图像发回地球，地面收到这些实拍图像时正好是晚上9时的黄金时间，美国公共广播电视网为了让广大观众目睹海王星的神秘世界，破天荒地转播了"旅行者"2号从72亿千米之外发回的一幅幅神奇的照片，270多万电视观众坐在家里欣赏了海王星及其8颗卫星和5条光环的生动画面。

整个实况转播历时7个小时，来自7个国家的130位科学家也同时在宇航局的荧光屏上收看了这一盛况。这是"旅行者"计划12年来第一次向普通百姓实况转播探测成果。

"旅行者"1号和2号探测器自1977年发射以来，先后探测了木星、土星、天王星和海王星，共发回10万多张照片，研究和发射共耗资8.7亿美元，但它们所获得的成果却是无价的。

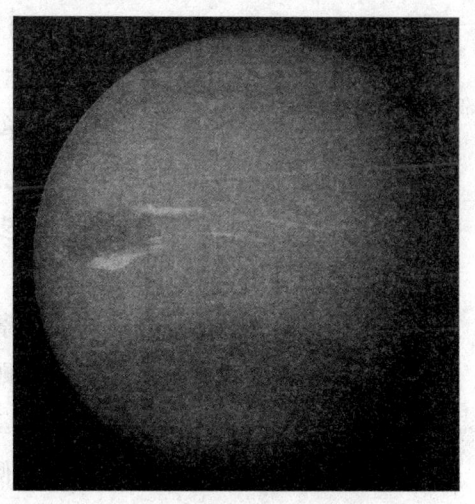

明天，人们将看到和平开发太空的繁忙景象：一座座宏伟的太空城，耸立在九霄云端，壮丽无比；航天飞机将频频起落，来往穿梭，把一批批科学技术人员和太空居民接来接去；各种物资会源源不断地运往太空城，又把太空城居民的劳动果实不断地运回地球。

这不是幻想，而是为时不远的未来现实。

揭开海王星的神秘面纱

科学家们发现天王星后，发觉似乎有一种力量在影响它，使它的运行轨道有很大的偏离。法国天文学家勒威耶预计在天王星外侧还有一颗行星存在，他通过计算，推算出那颗行星的具体位置。紧接着，德国天文学家伽勒通过望远镜观察，很快在理论位置上找到了一颗未知行星。在大型的天文望远镜里，这颗新发现的行星呈现出美丽的蔚蓝色，使人联想到了大海。于是，西方人称它为"涅普顿"，意思是"大海之神"，我们译过来就是"海王星"。

海王星与太阳的平均距离为30.06天文单位，是太阳系的第八颗行星。它的直径为4.94万千米，约是地球的3.9倍，质量为地球的17.2倍，密度约为水的1.6倍。海王星的公转周期为165年，自转周期约为22小时。在八大行星中，海王星距离太阳最远，因此它单位面积所接收到的阳光只有地球上的1/900，表面温度在-200℃以下。那儿的冰层厚达8000米，在冰层下面是由岩石构成的核心，核心质量和地球差不多。海王星的大气活动十分剧烈，强劲的风暴时速最高可达2000千米左右。

海王星也有光环，但在地球上观察到的光环并不完整，只是一些暗淡模糊的圆弧。1989年，"旅行者"2号探测器首次飞经海王星，对其进行了详细的科学考察。经研究，天文学家确认海王星有5条光环：里面的3条比较模糊，外面两条比较明亮。天文学家将最外侧的一条光环命名为"亚当斯环"，并将此环中几段明亮的弧依次命名为"自由""平等"和"互助"。2003年，美国加利福尼亚大学研究人员经过观测、研究后公布：亚当斯环中的三段弧似乎都在消散，其中"自由"弧消散得最为明显。如果这种趋势继续，自由弧将在100年内彻底消失。

曾经的第九大行星——冥王星

冥王星是于1930年1月被克莱德·汤博根据美国天文学家洛韦尔的计算发现的一颗矮行星，曾经被归于太阳系九大行星之一，在2006年的国际天文学会议上被降格为矮行星。冥王星与太阳平均距离59亿千米。直径2300千米，平均密度约2.0克/立方厘米，质量$1.290×10^{22}$千克。公转周期约248年，自转周期6.387天。表面温度在-220℃以下，表面可能有一层固态甲烷冰。

冥王星的发现是一个巧合，天文学家洛韦尔在一个错误的计算基础上断言在海王星之后还有一颗大行星。克莱德·汤博不知道这个计算是错误的，在非常仔细的观测之后发现了冥王星。冥王星被发现之后，被归类为太阳系九大行星之列。但是随着科技的日益进步，人们发现冥王星有很多不符合"大行星"的特点，现在已知的就有7颗卫星比冥王星大。而且在小行星带中也有不少行星比冥王星大，因此冥王星的"大行星"资格遭受质疑，最终被降格为矮行星。

小行星与矮行星

18世纪时，科学家预测在火星与木星间存在着未知行星，但一直没能找到。1801年，意大利天文学家皮亚齐在一次偶然的观察中，在那个备受关注的区域中发现了一颗小行星。后来，人们用罗马神话里收获女神塞丽斯的名字来为这颗小行星命名，这就是谷神星。

人们把发现的四颗比较大的小行星称为"四大金刚"，它们分别为：谷神星、智神星、婚神星、灶神星。小行星不发光，和月亮一样反射太阳的光，它们大部分都很暗，我们用肉眼可以看到的只有一颗，它是6等星，叫做灶神星。谷神星是最初发现的四颗小行星中的老大，直径近1000千米，质量不到地球的1/5000。但如果真的把它放到地球上，它也要占青海省那么大的面积。

2006年，在天文学家同意冥王星被降级为矮行星的大会上，也提出了矮行星的概念。按照矮行星的概念，大部分天文学家都认为最先发现的四颗小行星，至少是谷神星和婚神星，应该属于矮行星，不能再称之为小行星了。

形状不规则的小行星

小行星的大小相差极大，最小的大概只有鹅蛋大小。科学家们估计，直径超过1千米的小行星至少有50万颗。不过，至今确认的小行星只有3000多颗，其中直径大于100千米的小行星有200颗左右。现在，小行星还在不断地发现之中。

大行星的形状都是圆球状（严格说是椭球体），而小行星的形状可谓五花八门，它们大部分都是不规则的形状。比如第1620号小行星的样子像一根香肠，是长条状。第524号小行星是哑铃状；还有的小行星像一条奇形怪状的鱼；也有的像块丑陋的大红薯，真是千姿百态。

第二章
守卫行星的卫星

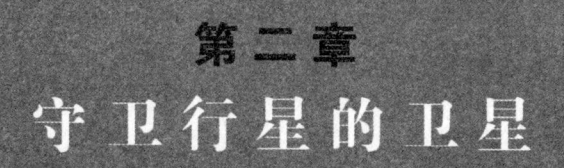

金星的卫星

在现在的天文观测上，都认为金星没有自己的天然卫星。但是金星是否真的不存在卫星呢？

法国的天文学家乔·卡西尼曾于1686年8月向世人宣称，他发现了一颗金星的天然卫星。卡西尼对这个新发现的"金卫"进行过多次观察，并且根据观察结果测算出了它的直径是金星直径的1/4。这个比例与月亮同地球的比例相似。如果这仅仅是卡西尼的一面之词，或许还能够以观测失误来解释，但不少人根据卡西尼公布的金星卫星轨道数据，也观测到这个卫星，例如1740年（卡西尼已过世28年），英国一个制造望远镜的专家肖特也报道过他见过金星卫星。1671年蒙太尼也对它进行了多次观测，并留下了不少详细的记录。接着德国数学家拉姆皮特还重新计算了金星卫星轨道，认为其轨道半长直径为40万千米，绕金星的公转周期为11天5小时。直到1764年，还有三个天文学家（2个在丹麦，1个在法国）报告过金星卫星情况。这么多人都声称观测到了金星卫星的存在，让人无法轻易地否定这颗卫星。

18世纪以后，金星存在卫星已经成为天文学上的共识。可是，从此之后，这颗神秘的金星卫星却消失了，再也没有出现。金星的这颗卫星是否存在呢？这其中隐藏的秘密值得探究。

观测火星的卫星

1887年8月，美国天文学家霍耳趁着火星冲日的好机会，对火星进行了仔细的观察。终于，他连续发现了两颗火星卫星，并分别命名为福博斯（火卫一）和德莫斯（火卫二）。

火卫一到火星的距离是9400千米，它绕火星旋转的轨道很特别，运动的方向与火星自转和公转的方向一致，都是自西向东的。如果在火星上观看火卫一，就会看到它西升东落的奇观。2008年4月，美国的探测器发回了火卫一表面高清的3D照片，从照片上可以看到它的表面伤痕累累，布满了斑点，就像一颗大土豆。科学家推测，这些"伤痕"可能是由跟火星相撞的陨石产生的大量碎石造成的。

火卫一

火卫一是较早发现的一颗火星天然卫星，它呈土豆状，一日围绕火星运转3圈，与火星之间的平均距离约为9378千米。从现在的观测来看，火星共有两颗卫星，火卫一是其中较大的一颗，也是离火星较近的一颗。火卫一与火星之间的距离也是太阳系中所有的卫星与其主行星的距离中最短的，从火星表面算起，两者相距只有6000千米。

火卫一的环绕运动半径小于同步运行轨道半径，因此它的运行速度非常快，通常每天有两次西升东落的过程。据推断，由于火卫一的运行轨道小于同步运行的轨道，所以潮汐力正不断地使它的轨道越变越小（最近的统计数字表明，它正以每世纪1.8米的速度在减小）。所以，据估计大约5000万年后，火卫一不是撞向火星，便是分解而成为光环。由于火卫一离火星表面太近，所以在火星表面的任何位置，都无法直接在地平线上看到它。

根据推测，火卫一最可能的组成部分是富含碳的岩石，但是由于火卫一的密度非常小，因此不可能是由纯岩石组成的。科学家推断它很可能是由岩石与冰的混合物组成的，并且它具有很深的地壳坑。

由苏联发射的一个探测器"火卫一2号"曾经探测到从火卫一逸出一些微弱的气体。但遗憾的是，这个探测器再作进一步探测，探测这些气体的组成成分之时失去了工作能力。科学家只能根据猜测分析这些气体的成分。

火卫二

火卫二是火星的两颗卫星中离火星较远的一颗，它是太阳系中最小的卫星。火卫二运转在距离火星23 459千米的公转轨道上，其直径约为12.6千米。

土星的卫星

土星拥有多颗天然卫星，截止到目前人类所发现并且确定的土星卫星数量已经有50颗。其中被命名的卫星中，11颗是直径在300千米以下的小卫星，6颗是直径为400～1500千米的中型卫星，还有一颗直径为5150千米的大卫星土卫六。这些复杂的卫星构成了太阳系中庞大的卫星系统之一。

土卫一

土卫一是土星较大的、形状规则的卫星中距离土星最近的一个，其直径约为392千米，与土星平均距离约为185 520千米。土卫一的轨道近似圆形，公转周期为23小时，正好是土卫三公转周期的一半，所以，这两颗卫星总是在土星的同一侧相遇。这种现象叫轨道共振态，尚且无法解释其原因。土卫一的自转和公转同步，所以它总是以同一半球朝向土星。这一点和月球与地球的关系一样。土卫一的平均密度仅为水的1.2倍，其表面有冻冰的特征。根据这些理由，可以认为，土卫一的主要成分是冰。它的表面明亮，布满碗形的深陨石坑。土卫一表面上最引人注目的结构是一个直径130千米的环形山，它位于朝向土星一面的半球中央。山壁高5千米，底深10千米，中央有一座长6千米的山峰。这是太阳系中已发现的、整体最大的陨击结构。

土卫二

土卫二是土星的第三颗大卫星，在美国发射的行星探测器"旅行者"2号对其进行探测以前，人们对它了解甚少，只知道它的轨道。

根据探测器在距离土卫二87 140千米观察到的结果表明，土卫二已经经历了5个不同的演化时期。土卫二的直径为500千米，以圆形轨道环绕土星公转，和土星的平均距离为238 020千米。平均密度只有水的1.1倍，说明它的成分有一半或更多的是冰。在已知的土星的卫星中，土卫二的密度是最低的。

土卫三

土卫三的主要成分是纯水冰。它直径1060千米，在离土星294 660千米的轨道上环绕土星运行。土卫三上有一条长达整个星球周长3/4，占了整个表面面积5%~10%的大裂缝。据科学家推测，这条大裂缝是卫星内部的水的冻结膨胀造成的。

土 卫 四

土卫四的直径为1120千米，运行轨道与土星的平均距离为377 400千米。它的公转周期约为66小时，是土卫二公转周期的2倍。土卫四的密度是水的1.4倍，估计由约40%的岩石与60%的冰构成。与其他土星卫星相比，土卫四表面的环形山较少。

土 卫 五

土卫五的直径为1530千米，在平均距离为527 040千米的近圆轨道上绕土星顺行。密度是水的1.3倍，因此，一般认为它主要是由冰构成的。红外光谱也显示其表面主要由霜构成。土卫五表面的反照率较高，但在不同区域有很大差别。同大多数土星的卫星一样，土卫五的自转与公转也是同步的，因而也总是以同一面对着土星。同土卫四一样，土卫五朝轨道运行方向的前半面既亮又多陨石坑，而后半面则较暗，而且上面只有一些亮纹和少量的陨石坑以及一些表面再造的迹象。尽管在土卫五的表面冰多于石，多陨石坑的一面却很像水星和月球上的那些密布陨石坑的高地。在土星系中，表面陨石坑最多的就是土卫五。

土 卫 六

土卫六直径为5150千米，在距土星1 221 830千米的公转轨道上运转。它是土星卫星中最大的卫星，曾经一度被认为是太阳系中最大的卫星。

土卫六是土星卫星中最受人关注的卫星，原因是它与地球有太多相似之处。土卫六是太阳系中唯一具有大气层的卫星，大气中拥有和地球大气一样的氮气，还有其他一些有机气体——甲烷。这些丰富的有机化合物和氮等元素，与地球早期生命形成时的环境相似，因此土卫六被认为对研究地球生命的起源有着重大的意义。同时，土卫六也是另外一个极有可能孕育生命的星球。

土星卫星带来的新猜想

随着科技的发展，人类探测宇宙的能力也越来越强了。目前，已经发现土星共有 56 颗卫星，卫星拥有数仅次于木星。或许，随着科学家们的探索，这个数字还会发生变化。

土星的第六颗卫星——土卫六，又名"泰坦"，是土星卫星中最大的一颗，也是太阳系内第二大的卫星，比地球的卫星——月球还大。2008 年，通过"卡西尼号"飞船的观测，已经确认土卫六的直径是地球的 40% 左右，达 5150 千米。观测数据还显示，土卫六的大气以氮气为主，氮的含量约占其大气总量的 98%，甲烷仅占 1% 左右，另外还含有乙烷、乙烯、乙炔和氢。

科学家发现，可能是由于土卫六旋转加速的原因，它的表层由一个固定点向外发生波动。科学家们认为如此巨大的变动，如果卫星内部是固体核心，是不可能发生的，因此，土卫六表层下肯定有液态物质，很可能有水。由于它是太阳系唯一一颗拥有浓厚大气层的卫星，因此被视为是一个时光机器，有助于我们了解地球初期的情况，甚至能揭开地球生物诞生之谜。

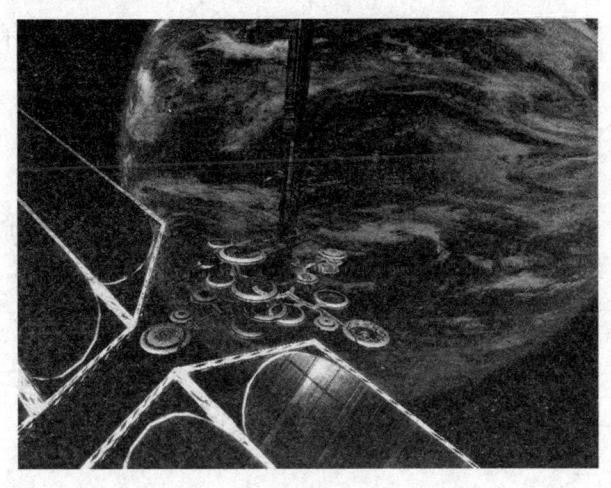

土星第八颗卫星——土卫八，公转时间较长，绕土星一周需 79.33 个地球日。土卫八最大的特点是朝向其轨道前进方向的一面总是黑如沥青，而另一面

则亮白如雪，中间没有灰色地带，因而被科学家戏称为"阴阳脸"。科学家认为，"阴阳脸"与土卫八表面的黑暗物质有关。关于这些未知黑暗物质的来源，目前有两种解释。

一种解释是"自生说"：当土卫八缓慢地绕土星公转时，前面半球表面产生一层薄的黑暗物质，增强冰层对阳光的吸收。另一种解释是"空降说"：德国自由大学的天文学家蒂尔曼·登克认为："来自其他卫星的粉状物质降落在土卫八正面，使得这一面与这颗卫星其他部分看起来截然不同。"

木星的卫星

木星拥有数量众多的卫星，目前已经确定的有66颗。到目前为止，木星是太阳系中拥有卫星数量最多的行星。

木卫一，又名艾奥，是木星的四颗伽利略卫星中最靠近木星的一颗，它的直径3642千米，是太阳系第四大的卫星。木卫一的平均半径为1821.3千米，主要由炽热的硅酸盐岩石构成，有稀薄的大气，成分是二氧化硫与其他气体。

木星的众多卫星

1609 年，伽利略发明了天文望远镜，并用来观测天体。1610 年 1 月 7 日，伽利略发现了木星的四颗卫星。为了纪念伽利略的功绩，人们把这四颗卫星——木卫一、木卫二、木卫三和木卫四命名为"伽利略卫星"。目前，科学家确认的木星卫星已经达到 66 颗，也许不久还会有新的发现。

在木星众多的卫星中，只有这四颗"伽利略卫星"的个头较大，有的和月亮差不多，照理说，它们应该和月亮的表面状态相似，但实际情况完全不同。其中，木卫一离木星最近，它到木星的距离只有 11.6 万千米，还不到木星半径的两倍。在木星巨大引力地搅动下，它内部的热能源源不断地从核心喷出，形成火山，喷出的液体和气体高达 450 千米，比地球上的火山喷发还强烈。火山的岩浆早已多次覆盖了这颗星球的表面，从现在的情形看，火山依然在猛烈地喷发。

木卫二是伽利略卫星中最小的一颗，半径约为 1570 千米左右。木卫二的表面全都是冰，光滑的表面反射太阳光的本领非常强，它是伽利略卫星中最亮的一颗，在木星冲日时它的亮度可达 5.57 等，人们用肉眼就可以看见它。木卫二的表面覆盖着厚厚的冰层，冰层不断地挤撞着，科学家认为这可能是冰层下面海水涌动的结果。

木卫三是卫星世界中最大的一颗，它的半径是 2631 千米，平均密度是 1.95 吨/立方米。科学家推断它的表面是由冰和岩石组成的，壳层下是一层冰幔，中心是铁质的核。它最大的特别之处是有磁场，磁场是行星的主要特征之一，卫星有磁场可是非比寻常的。

木卫四是伽利略卫星中距离木星最远的。它比水星稍小些，但质量只有水星的1/3。木卫四的表面都是环形山，地表构造十分古老。一些科学家认为这颗卫星没有完整的内部结构，主要由岩石、铁和冰"混合"而成。

天王星的卫星

到目前为止，已确认的天王星卫星有29颗。由于天王星距离地球非常遥远，人类对它以及其卫星的探测还停留在初级阶段，因此我们只能得到一些猜测性的数据。

天卫二是天王星第三大卫星，在天王星的已知卫星中与天王星的距离排名第十三，它由威廉·拉塞尔在1851年被发现。天卫二和天卫四很相似，但后者要比它大35%。天王星的大卫星都是由占40%~50%的冰和岩石混合而成，它所含的岩石比土卫五所含的要多一些。天卫二的剧烈起伏的火山口地形可能从它形成以来就一直稳定存在。天卫二非常暗，它反射的光大约是天王星最亮的卫星——天卫一的一半。它的表面布满陨石坑。尽管没有地质活动的迹象，却有着离奇的特征。

海王星的卫星

到目前为止确认的海王星卫星有 9 颗，它们是 8 颗小卫星和海卫一。其中海卫一是目前已知的太阳系内质量最大的卫星。

海卫一是一颗非常特殊的卫星，它的直径比月球略小，是太阳系中 4 个有大气的卫星之一。海卫一离海王星较近，但却是逆行的。在 1989 年，"旅行者" 2 号有了一次探测它的机会，这次探测令人惊讶。从 "旅行者" 2 号发回的数据看，海卫一几乎具有行星的一切特征：不仅有行星所有的天气现象，具有类似行星的地貌和内部结构，它的极冠甚至比火星极冠还大，上面的火山也在活动，惊奇的是它还具有只有行星才有的磁场。所有的这一切都显示海卫一是一颗极为特殊的卫星。

地球的卫星——月球

月球是地球唯一的一颗天然卫星，它的直径约为 3474.8 千米，大约是地球的 1/4、太阳的 1/400，而月球到地球的距离相当于地球到太阳的距离的 1/400，所以我们从地球上看到的月亮几乎和太阳一样大。

月球起源的几种假说

月球的面积是 3800 万平方千米，差不多是地球面积的 1/14，比我们亚洲的面积略大一些。

月球的体积是 220 亿立方千米，地球的体积几乎比它大 49 倍。月球的质量大约等于地球质量的 1/81，也就是 7350 亿亿吨。月球的平均密度是每立方厘米 3.34 克，只及地球密度的 60%，相比之下，月球不如地球瓷实。

天文学家对月球的位置、运动规律和物理性质作了周密的研究，随着科学技术的突飞猛进，又利用人造地球卫星、无线电技术、激光技术和计算机技术对月球作了进一步的测量和考察，取得了大量更新、更丰富的资料。

尽管如此，对"月球起源"这个十分古老的问题，今天的天文学家仍然是众说纷纭和语焉不详。这也难怪，对生养我们的地球，人们研究了几个世纪，到现在不也照样对它的起源知之甚少吗？

月球是怎样形成的？撇开人类早期那些不着边际的神话，如果将 18 世纪以来的月球起源假说归纳起来，可以分为三类，即同源说、分裂说和俘获说。

月亮的阴晴圆缺

在地球上，我们可以看见光芒四射的月亮有月牙、半月和满月不同的形状。月亮这种盈亏圆缺的变化，在天文学上叫做"月相"变化。月亮为什么会有这种变化呢？

月亮本身不发光，只有靠反射太阳光才发光。也就是说，太阳照射到的部分是明亮的，照不到的部分则是黑暗的。月球绕地球运动，使太阳、地球、月球三者的相对位置在一个月中有规律地变动着。这种变动使月亮明亮的部分有时正对着地球，有时侧对着地球，有时背对着地球，这样我们在地球上看到的月亮就出现了圆缺的变化。

农历每个月的初一左右，月亮运行到了地球与太阳之间，光亮的一面正好背对着地球，我们看不到它。这时的月相叫"新月"或"朔"。新月过后，月亮渐渐从地球与太阳中间走出来，我们能看见一个弯弯的月牙，这时的月相叫"娥眉月"。到了农历初八左右，随着月亮与太阳位置的变化，我们能够看到像英文字母"D"一样的半月，这种月相叫"上弦月"。此后，月亮一天天圆润起来，这时叫"凸月"。到了农历十五左右，月亮光亮的部分完全对着地球，我们看到的是圆圆的月亮。这时的月相叫"望月"或"满月"。

满月之后，月亮因与太阳位置的变化，逐渐"消瘦"起来，经过凸月、下弦月、残月后，又重新回到新月的位置。月亮经过这样一个周期的变化，就是一个"朔望月"，时间是29天12小时44分2.8秒。我国农历的天数就是根据朔望月制定的。其实，满月之前的娥眉月、上弦月、凸月和满月之后的凸月、下弦月、残月是两相对应的，它们两两的形状差不多，只是圆缺的位置发生了变化。

月食出现的原因

月食是一种奇妙的自然现象。当地球运行到月球和太阳之间时，太阳光正好被地球挡住，不能射到月球上去，月球上就出现黑影，这种现象就是"月食"。太阳光全部被地球挡住时，叫做"月全食"；部分被挡住时，叫"月偏食"。月全食发生时，地球背对着太阳的一面（处于夜间那面）上的居民都能看到这种现象。月食过程的时间比日食要长，单月全食阶段就可长达1小时。

月食都是从月球的左边开始的，月全食的全过程可分为初亏、食既、食甚、生光、复圆五个阶段。

初亏：月球与地球本影第一次外切，标志月食开始。

食既：月球的西边缘与地球本影的西边缘内切，月球刚好全部进入地球本影内，月全食开始。

食甚：月球的中心与地球本影的中心最接近，月全食到达高峰。

生光：月球东边缘与地球本影东边缘相内切，这时全食阶段结束。

复圆：月球的西边缘与地球本影东边缘相外切，这时月食全过程结束。

由于白道和黄道有一个角度，因此月球并不是每个月都会转到地球的影子中，不可能月月都出现月食现象。月食出现的时间是不定的，一年大约会发生一两次。如果第一次月食是在一月份，那么这一年就有可能发生三次月食。有时一年一次月食都没有，而且这种情况常有，大约每隔五年，就有一年没有月食。

很多人都见过日环食，却没有听说过"月环食"。"月环食"是根本不可能发生的，因为地球的直径是月球的4倍，即便是在月球的轨道上，地球本影的直径仍是月球的2.5倍。地球的影子完全挡住了阳光，所以就不可能有"月环食"了。

第三章
孕育生命的行星

行星大探秘

地球的起源之谜

我们一降生到这个世界上，就同地球分不开了。地球作为我们诞生、劳动、生息、繁衍的地方，人类共有的家园，和我们的关系太密切了。那么地球是如何形成的呢？对于这一问题，自古以来，人们就对它有着种种解释，也留下了很多神话传说。

我国古代有"盘古开天辟地"之说。相传，世界原本是一个黑暗混沌的球体，外面包裹着一个坚硬的外壳，就像一只大鸡蛋。多年以后，这个大黑团中诞生了一个巨人——盘古。他睁开眼睛，可周围漆黑一片，什么也看不见，他挥起神斧，劈开混沌，于是，清而轻的部分上升成了天空，浊而重的部分下沉成了大地。

在西方国家，据《圣经》记载，上帝耶和华用六天时间创造了天地和世界万物。

第一天，他将光明从黑暗里分出来，使白天和夜晚相互更替。

第二天，创造了天，将水分开成天上的水和地上的水。

第三天，使大地披上一层绿装，点缀着树木花草，空气里飘荡着花果的芳香。

第四天，创造了太阳和月亮，分管白天和夜晚。

第五天，创造了飞禽走兽。

第六天，创造了管理万物的人。

第七天，上帝休息了，这一天称为"安息日"，也就是现在的星期天。

现在看来，这些美丽的神话传说是没有科学根据的。随着科技的发展，人们对太阳系的认识也逐渐深刻。18世纪以来，相继出现了很多假说。近几十年来，由于天体物理学等近代科学的发展、天文学的进步、宇航事业的兴起等为地球演化的研究提供了更多的帮助，现介绍几种假说供参考。但要解开宇宙之谜，还需我们不懈的努力。

（1）星云说：法国数学家和天文学家拉普拉斯（1749—1827年）于1796年发表的《天体力学》及后来的《宇宙的叙述》中提出太阳系成因的假说——星云说。他认为太阳是太阳系中最早存在的星体，这个原始太阳比现在的太阳大得多，是由一团灼热的稀薄物质组成，内部较致密，周围是较稀薄的气体圈，形状是一个中心厚而边缘薄的饼状体，在不断缓慢地旋转。经过长期不断冷却和本身的引力作用，星云逐渐变得致密，体积逐渐缩小，旋转加快，因此愈来愈扁。这样位于它边缘的物质，特别是赤道部分，当离心加速度超过中心引力加速度时，便离开原始太阳，形成无数同心圆状轮环（如同现在土星周围的环带），相当于现在各行星的运行轨道位置。由于环带性质不均一，并且带有一些聚集凝结的团块。这样在引力作用下，环带中残余物质，都被凝固吸引，形成大小不一的行星，地球即是其中一个。各轮环中心最大的凝团，便是太阳，其余围绕太阳旋转，由于行星自转因此也可以产生卫星，例如地球的卫星——月亮，这样地球便随太阳系的产生而产生了。

（2）灾难学派的假说：1930年英国物理学家金斯提出气体潮生说，他推测原始太阳为一灼热球状体，由非常稀薄的气体物质组成。一颗质量比它大得多的星体，从距离不远处瞬间掠过，由于引力，原始太阳出现了凸出部分，引力

继续作用，凸出部分被拉成如同雪茄一般的长条，作用在很短时间内进行。较大星体一去不复返，慢慢地，太阳获得新的平衡，从太阳中分离出长条状稀薄气流，逐渐冷却凝固而分成许多部分，每一部分再聚集成一个行星。被拉出的气流，中间部分最宽，密度最大，形成较大的木星和土星。两端气流稀薄些，形成较小的行星，如水星、地球等。

(3) 陨石论（施密特假说）：前两种假说都提出了一个原始太阳分出炽热熔融气体状态的物质。施密特根据银河系的自转和陨石星体的轨道是椭圆的理论，认为太阳系星体轨道是一致的，因此陨星体也应是太阳系成员。因此他于1944年提出了新假说：在遥远的古代，太阳系中只存在一个孤独的恒星——原始太阳，在银河系广阔的天际沿自己轨道运行。在60亿~70亿年前，当它穿过巨大的黑暗星云时，便和密集的陨石颗粒、尘埃质点相遇，它便开始用引力把大部分物质捕获过来，其中一部分与它结合；而另一些按力学的规律，聚集起来围绕着它运转，直至走出黑暗星云，这时这个旅行者不再是一个孤星了。它在运行中不断吸收宇宙中的陨体和尘埃团，由于数不清的尘埃和陨石质点相互碰撞，于是便使尘埃和陨石质点相互焊接起来，大的吸小的，体积逐渐增大，最后形成几个庞大行星。行星在发展中又以同样方式捕获物质，形成卫星。

以上介绍三种关于地球起源的学说，一般认为苏联学者施密特的假说（陨石论）是较为进步的，也较为符合太阳系的发展。根据这一学说，地球在天文期大约有两个阶段：

(1) 行星萌芽阶段：即星际物质（尘埃、硕体）围绕太阳相互碰撞，开始形成地球的时期。

(2) 行星逐渐形成阶段：在这一阶段中，地球形体基本形成，重力作用相当显著，地壳外部空间保持着原始大气（H_2O、CO_2、NH_3、NH_4等）。由于放射性蜕变释热，内部温度产生分异，重的物质向地心集中，又因为地球物质不均匀分布，引起地球外部轮廓及结构发生变化，亦即地壳运动形成，伴随灼热熔浆溢出，形成岩侵入活动和火山喷发活动。以上便是地球演化较新的观点。上述从第二阶段起，地球发展由天文期进入到地质时期。

地球的年龄是多大

　　地球有多大岁数？从人类的老祖先起，人们就一直在苦苦思索着这个问题。玛雅人把公元前3114年8月13日奉为"创世日"；犹太教说"创世"是在公元前3760年；英国圣公会的一个大主教推算"创世"时间是公元前4004年10月里的一个星期日；希腊正教会的神学家把"创世日"提前到公元前5508年。著名科学家牛顿则根据《圣经》推算地球有6000多岁。而我们民族的想象更大胆，在古老的神话故事"盘古开天地"中传说，宇宙初始犹如一个大鸡蛋，盘古在黑暗混沌的蛋中睡了18 000年，一觉醒来，用斧劈开天地，又过了18 000年，天地形成。

　　地球的年龄指地球从原始的太阳星云中积聚形成一个行星到现在的时间。地球年龄约为46亿年。地球年龄可分为天文年龄和地质年龄两种。地球的天文年龄是指地球开始形成到现在的时间。地球的地质年龄是指地球上地质作用开

始之后到现在的时间。从原始地球形成经过早期演化到具有分层结构的地球，估计要经过几亿年，所以地球的地质年龄小于它的天文年龄。通常所说的地球年龄是指它的天文年龄。

计量地球所经历的时间，必须找到一种速率恒定而又量程极大的尺度。早期找到的一些尺度的变化速率在地球历史上是不恒定的。1896年放射性元素被发现以后，人们才找到了一种以恒定速率变化的物理过程作为尺度来测定岩石和地球的年龄。最早尝试用科学方法探究地球年龄的是英国物理学家哈雷。他提出，研究大洋盐度的起源，可能提供解决地球年龄问题的依据。

1854年，德国伟大的科学家赫尔姆霍茨根据他对太阳能量的估算，认为地球的年龄不超过2500万年。

1862年，英国著名物理学家汤姆生说，地球从早期炽热状态中冷却到如今的状态，需要2000万～4000万年。这些数字远远小于地球的实际年龄，但作为早期尝试还是有益的。

到了20世纪，科学家发明了同位素地质测定法，这是测定地球年龄的最佳方法，是计算地球历史的标准时钟。根据这种办法，科学家找到的最古老的岩石，有38亿岁。然而，最古老岩石并不是地球出世时留下来的最早证据，不能代表地球的整个历史。这是因为，婴儿时代的地球是一个炽热的熔融球体，最古老岩石是地球冷却下来形成坚硬的地壳后保存下来的。

20世纪60年代末，科学家测定取自月球表面的岩石标本，发现月球的年龄为44亿～46亿年。于是，根据目前最流行的太阳系起源的星云说，太阳系的天体是在差不多时间内凝结而成的观点，便可以认为地球是在46亿年前形成的。然而，这是依靠间接证据推测出来的。

探询地球的内部

地球内部结构是指地球内部的分层结构。今天探测器可以遨游太阳系外层空间，但对人类脚下的地球内部反而很难触及，知之甚少。目前世界上最深的钻孔也不过 12 千米，连地壳都没有穿透。科学家只能通过研究地震波、地磁波和火山爆发来揭示地球内部的秘密。一般认为，地球内部有三个同心球层：地核、地幔和地壳。

1. 地壳

地壳是地球的表面层，也是人类生存和从事各种生产活动的场所。地壳实际上是由多组断裂的、很多大小不等的块体组成的。它的外部呈现出高低起伏的形态，因而地壳的厚度并不均匀：大陆下的地壳平均厚度约 35 千米，我国青藏高原的地壳厚度为 65 千米以上；海洋下的地壳厚度仅 5～10 千米；整个地壳的平均厚度约 15 千米，这与地球平均半径 6371 千米相比，仅是薄薄的一层。

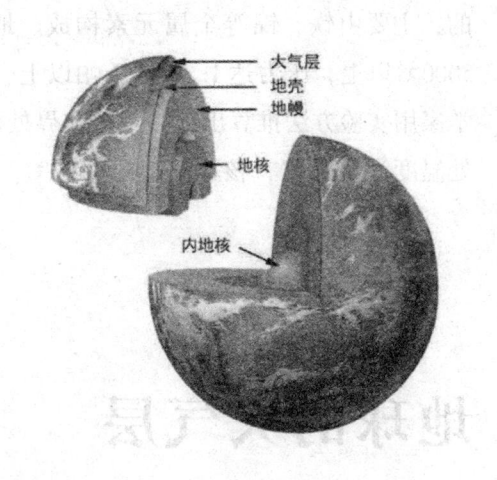

地壳上层为花岗岩层，主要由硅铝氧化物构成；下层为玄武岩层，主要由硅镁氧化构成。理论上认为，地壳内的温度和压力随深度增加，每深入 100 米温度升高 1℃。近年的钻探结果表明，在深达 3 千米以上时，每深入 100 米温度升高 2.5℃，到 11 千米深处温度已达 200℃。

目前所知地壳岩石的年龄绝大多数小于 20 多亿年，即使是最古老的石头——丹麦格陵兰的岩石也只有 39 亿年；而天文学家考证地球大约已有 46 亿年的历史,这说明地球壳层的岩石并非地球的原始壳层,是以后由地球内部的物质通过火山活动和造山活动构成的。

2. 地幔

地壳下面是地球的中间层,叫做"地幔",厚度约 2865 千米,主要由致密的造岩物质构成,这是地球内部体积最大、质量最大的一层。地幔又可分成上地幔和下地幔两层。一般认为上地幔顶部存在一个软流层,推测是由于放射元素大量集中,蜕变放热,将岩石熔融后造成的,可能是岩浆的发源地。下地幔温度、压力和密度均增大,物质呈可塑性固态。

3. 地核

地幔下面是地核,地核的平均厚度约 3400 千米。地核还可分为外地核、过渡层和内地核三层,外地核厚度约 2080 千米,物质大致成液态,可流动;过渡层的厚度约 140 千米;内地核是一个半径为 1250 千米的球心,物质大概是固态的,主要由铁、镍等金属元素构成。地核的温度和压力都很高,估计温度在 5000℃以上,压力达 1.32 亿千帕以上,密度为每立方厘米 13 克。美国一些科学家用实验方法推算出地幔与核交界处的温度为 3500℃以上,外核与内核交界处温度为 6300℃,核心温度约 6600℃。

地球的大气层

大气层的定义

大气层(Atmosphere)又叫大气圈,地球就被这一层很厚的大气层包围着。大气层的成分主要有氮气占 78.1%,氧气占 20.9%,氩气占 0.93%,还有少量的二氧化碳、稀有气体(氦气、氖气、氩气、氪气、氙气、氡气)和水蒸气。

大气层的空气密度随高度而减小，越高空气越稀薄。大气层的厚度在1000千米以上，但没有明显的界线。整个大气层随高度不同表现出不同的特点，分为对流层、平流层、中间层、暖层和散逸层，再上面就是星际空间了。

对流层在大气层的最底层，紧靠地球表面，其厚度为10～20千米。对流层的大气受地球影响较大，云、雾、雨等现象都发生在这一层内，水蒸气也几乎都在这一层内存在。这一层的气温随高度的增加而降低，每升高1000米，温度下降5～6℃。动植物的生存，人类的绝大部分活动，也在这一层内。因为这一层的空气对流很明显，故称对流层。对流层以上是平流层，距地球表面20～50千米。平流层的空气比较稳定，大气是平稳流动的，故称为平流层。在平流层内水蒸气和尘埃很少，并且在30千米以下是同温层，其温度在-55℃左右。平流层以上是中间层，距地球表面50～85千米，这里的空气已经很稀薄，突出的特征是气温随高度增加而迅速降低，空气的垂直对流强烈。中间层以上是暖层，距地球表面100～800千米。暖层最突出的特征是当太阳光照射时，太阳光中的紫外线被该层中的氧原子大量吸收，因此温度升高，故称暖层。散逸层在暖层之上，由带电粒子组成。

除此之外，还有两个特殊的层，即臭氧层和电离层。臭氧层距地面20～30千米，实际介于对流层和平流层之间。这一层主要是由于氧分子受太阳光的紫外线的光化作用造成的，使氧分子变成了臭氧。电离层很厚，距地球表面80千米以上。电离层是高空中的气体，被太阳光的紫外线照射，电离成带电荷的正离子和负离子及部分自由电子形成的。电离层对电磁波影响很大，我们可以利用电磁短波能被电离层反射回地面的特点，来实现电磁波的远距离通讯。

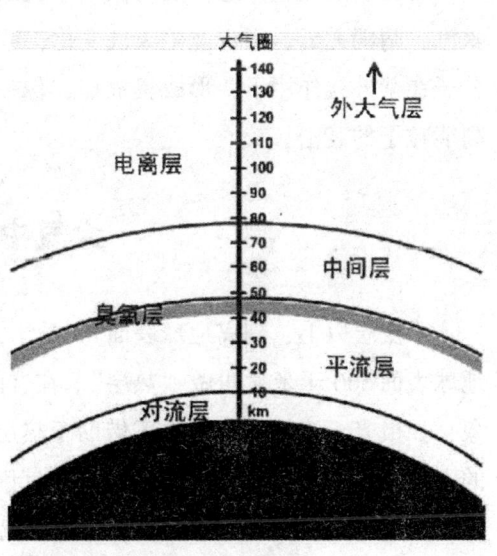

在地球引力作用下，大量气体聚集在地球周围，形成数千千米的大气层。气体密度随离地面高度的增加而变得愈来愈稀薄。探空火箭在3000千米高空仍发现有稀薄大气,有人认为,大气层的上界可能延伸到离地面6400千米左右。据科学家估算,大气质量约6000万亿吨,差不多占地球总质量的百万分之一。

大气对流层

接近地球表面的一层大气层,空气的移动是以上升气流和下降气流为主的对流运动,叫做"对流层"。它的厚度不一,在两极上空为8千米,在赤道上空为17千米。对流层是大气中最稠密的一层,占大气层的3/4还要多。大气中的水汽几乎都集中于此,是展示风云变幻的"大舞台":刮风、下雨、降雪等天气现象都是发生在对流层内。

大气平流层

对流层上面,直到高于海平面50千米这一层,气流主要表现为水平方向运动,对流现象减弱,这一层叫做"平流层",又称"同温层"。这里基本上没有水汽,晴朗无云,很少发生天气变化,适于飞机航行。在20~30千米高处,氧分子在紫外线作用下,形成臭氧层,像一道屏障保护着地球上的生物免受太阳高能粒子的袭击。

大气中间层

平流层以上,到离地球表面85千米,叫做"中间层"。中间层以上,到离地球表面500千米,叫做"热层"。在这两层内,经常会出现许多有趣的天文现象,如极光、流星等。人类还借助于热层,实现短波无线电通信,使远隔重洋的人们相互沟通信息,因为热层的大气因受太阳辐射,温度较高,气体分子或原子大量电离,复合概率又小,形成电离层,能导电,反射无线电短波。

大气暖层

中间层以上是暖层，距地球表面100～800千米。暖层最突出的特征是当太阳光照射时，太阳光中的紫外线被该层中的氧原子大量吸收，因此温度升高，故称暖层。散逸层在暖层之上，为带电粒子所组成。

暖层的特点是，气温随高度增加而增加，在300千米高度时，气温可达1000℃以上，像铅、锌、锡、锑、镁、钙、铝、银等金属，在这里也会被熔化掉。本层之所以有高温，主要是因为所有的波长小于0.175微米的太阳紫外线辐射，都被暖层气体所吸收。暖层中的氮（N_2）、氧（O_2）和氧原子（O）气体成分，在强烈的太阳紫外线和宇宙射线作用下，已处于高度电离状态，所以也把暖层称作"电离层"。其中100～120千米的E层和200～400千米的F层，以及介于中间层和暖层之间，只在白天出现，高度大致为80千米的D层，电离程度都较强烈。电离层的存在，对反射无线电波具有重要意义。人们在远方能收到无线电波的短波通讯信号，就和大气层有此电离层有关。

外大气层

在离地面500千米以上的叫外大气层，也叫磁力层，它是大气层的最外层，是大气层向星际空间过渡的区域，外面没有明显的边界。在通常情况下，上部界限在地磁极附近较低，近磁赤道上空在向太阳一侧，有9～10个地球半径高，换句话说，大约有65 000千米高。在这里空气极其稀薄，温度很高，可达数千摄氏度，其密度为海平面处的一亿亿分之一。

地球上的水圈

水圈（Hydrosphere）是地球外圈中作用最为活跃的一个圈层。它与大气圈、生物圈和地球内圈的相互作用，直接关系到影响人类活动的表层系统的演化。水圈也是外动力地质作用的主要介质，是塑造地球表面最重要的角色。

水体存在方式不同，其作用方式也有比较大的差别，按照水体存在的方式可以将水圈划分为海洋、河流、地下水、冰川、湖泊等五种主要类型。

液态和固态水体所覆盖的地球空间。水圈中的水上界可达大气对流层顶部，下界至深层地下水的下限。包括大气中的水汽、地表水、土壤水、地下水和生物体内的水。各种水体参加大小水循环，不断交换水量和热量。水圈中大部分水以液态形式储存于海洋、河流、湖泊、水库、沼泽及土壤中；部分水以固态形式存在于极地的广大冰原、冰川、积雪和冻土中；水汽主要存在于大气中。三者常通过热量交换而部分相互转化。

水圈内全部水体的总储量为13.86亿立方千米，其中海洋为13.38亿立方千米，占总储量的96.5%。分布在大陆上的水包括地表水和地下水，各占余下的一半左右。在全球水的总储量中，淡水仅占2.53%，其余均为咸水。

地球表面的水是十分活跃的。海洋蒸发的水汽进入大气圈，经气流输送到大陆，凝结后降落到地面，部分被生物吸收，部分下渗为地下水，部分成为地表径流。地表径流和地下径流大部分回归海洋。水在循环过程中不断释放或吸收热能，调节着地球上各层圈的能量，还不断地塑造着地表的形态。水圈中的地表水大部分在河流、湖泊和土壤中进行重新分配，除了回归于海洋的部分外，有一部分比较长久地储存于内陆湖泊和形成冰川。这部分水量交换极其缓慢，周期要几十年甚至千年以上。从这些水体的增减变化，可以估计出海陆间水热交换的强弱。大气圈中的水分参与水圈的循环，交换速度较快，周期仅几天。

由于水分循环，使地球上发生复杂的天气变化。海洋和大气的水量交换，导致热量与能量频繁交换，交换过程对各地天气变化影响极大。

目前，各国极其关注海—气相互关系的研究。生物圈中的生物受洪、涝、干旱影响很大，生物的种群分布和聚落形成也与水的时空分布有极密切的关系。生物群落随水的丰缺而不断交替、繁殖和死亡。大量植物的蒸腾作用也促进了水分的循环。水在大气圈、生物圈和岩石圈之间相互置换，关系极其密切，它们组成了地球上各种形式的物质交换系统，形成千姿百态的地理环境。

人类大规模的活动对水圈中水的运动过程有一定的影响。大规模地砍伐森林、大面积的荒山植林、大流域地调水、大面积地排干沼泽、大量抽用地下水等，都会促使水的运动和交换过程发生相应变化，从而影响地球上水分循环的过程和水量平衡的组成。人类的经济繁荣和生产发展也都依赖于水。如水力发电、灌溉、航运、渔业、工业和城市的发展，无不与水息息相关。

独特的生物圈

生物圈指地球上凡是出现并感受到生命活动影响的地区。是地表有机体包括微生物及其自下而上环境的总称，是行星地球特有的圈层。它也是人类诞生和生存的空间。生物圈的范围是大气层的底部、水圈大部、岩石表面。

生物圈是地球上最大的生态系统。

生物圈的概念是由奥地利地质学家休斯（E. Suess）在1375年首次提出的，是指地球上有生命活动的领域及其居住环境的整体。它包括海平面以上约10 000米至海平面以下11 000米处，其中包括大气圈的下层，岩石圈的上层，整个土壤圈和水圈。但绝大多数生物通常生存于地球陆地之上和海洋表面之下各约100米厚的范围内。

生物圈主要由生命物质、生物生成性物质和生物惰性物质三部分组成。生命物质又称活质，是生物有机体的总和；生物生成性物质是由生命物质所组成的有机矿物质相互作用的生成物，如煤、石油、泥炭和土壤腐殖质等；生物惰性物质是指大气低层的气体、沉积岩、黏土矿物和水。

由此可见，生物圈是一个复杂的、全球性的开放系统，是一个生命物质与非生命物质的自我调节系统。它的形成是生物界与水圈、大气圈及岩石圈（土圈）长期相互作用的结果，生物圈存在的基本条件是：

（1）可以获得来自太阳的充足光能。因一切生命活动都需要能量，而其基本来源是太阳能，绿色植物吸收太阳能合成有机物而进入生物循环。

（2）要存在可被生物利用的大量液态水。几乎所有的生物全都含有大量水分，没有水就没有生命。

（3）生物圈内要有适宜生命活动的温度条件，在此温度变化范围内的物质存在气态、液态和固态三种变化。

（4）提供生命物质所需的各种营养元素，包括O、N、C、K、Ca、Fe、S（氧元素、氮元素、碳元素、钾元素、钙元素、铁元素、硫元素）等，它们是生命物质的组成部分或中介。

总之，地球上有生命存在的地方均属生物圈。生物的生命活动促进了能量流动和物质循环，并引起生物的生命活动发生变化。生物要从环境中取得必需的能量和物质，就得适应环境，环境发生了变化，又反过来推动生物的适应性，这种反作用促进了整个生物界持续不断的变化。

生物圈究竟有多大呢？

生物圈包括海平面以上约10 000米至海平面以下11 000米处，包括大气圈的下层，岩石圈的上层，整个土壤圈和水圈。但是，大部分生物都集中在地表以上100米到水下100米的大气圈、水圈、岩石圈、土壤圈等圈层的交界处，这里是生物圈的核心。

生物圈里繁衍着各种各样的生命，为了获得足够的能量和营养物质以支持生命活动，在这些生物之间，存在着吃与被吃的关系。"大鱼吃小鱼，小鱼吃虾米"，这句俗语就体现了这样一种简单的关系。但是，要维持整个庞大的生物圈的生命活动，这么简单的关系显然是不行的。生物圈自有它的解决办法。生物圈中的各种生物，按其在物质和能量流动中的作用，可分为：

（1）生产者，主要是绿色植物，它能通过光合作用将无机物合成为有机物。

（2）消费者，主要指动物（人当然也包括在内）。有的动物直接以植物为生，叫做一级消费者，比如羚羊；有的动物则以植食动物为生，叫做二级消费者；还有的捕食小型肉食动物，被称为三级消费者。至于人，则是杂食动物。

（3）分解者，主要指微生物，可将有机物分解为无机物。

这三类生物与其所生活的无机环境一起，构成了一个生态系统：生产者从无机环境中摄取能量，合成有机物；生产者被一级消费者吞食以后，将自身的能量传递给一级消费者；一级消费者被捕食后，再将能量传递给二级、三级……最后，当有机生命死亡以后，分解者将它们再分解为无机物，把来源于环境的，再复归于环境。这就是一个生态系统完整的物质和能量流动。只有当生态系统内生物与环境、各种生物之间长期的相互作用下，生物的种类、数量及其生产能力都达到相对稳定的状态时，系统的能量输入与输出才能达到平衡；反过来，只有能量达到平衡，生物的生命活动也才能相对稳定。所以，生态系统中的任何一部分都不能被破坏，否则，就会打乱整个生态系统的秩序。

地球的公转

地球在公转过程中，所经过的路线上的每一点，都在同一个平面上，而且构成一个封闭曲线。这条地球在公转过程中所走的封闭曲线，叫做地球轨道。如果我们把地球看成为一个质点的话，那么地球轨道实际上是指地心的公转轨道。

严格地说，地球公转的中心位置不是太阳中心，而是地球和太阳的公共质量中心，不仅地球在绕该公共质量中心转动，太阳也在绕该点在转动。但是，太阳是太阳系的中心天体，地球只不过是太阳系中一颗普通的行星。太阳质量是地球质量的33万倍，日地的公共质量中心离太阳中心仅450千米。这个距离与约为70万千米的太阳半径相比，实在是微不足道的，与日地1.5亿千米的距离相比，就更小了。所以把地球公转看成是地球绕太阳（中心）的运动，与实际情况是十分接近的。

地球轨道的形状是一个接近正圆的椭圆，太阳位于椭圆的一个焦点上。椭圆有半长轴、半短轴和半焦距等要素，分别用 a、b、c 表示，其中 a 又是短轴两端对于焦点（F_1、F_2）的距离。

半焦距与半长轴和平短轴之间存在着这样的关系：

即 $c^2 = a^2 - b^2$

半焦距 c 与半长轴 a 的比值 c/a，是椭圆的偏心率，用 e 表示，即 $e=c/a$。

偏心率是椭圆形状的一种定量表示，e 的数值大于 0 而小于 1。椭圆越接近于圆形，则 e 的数值就越小，即接近于 0；椭圆越扁，e 的数值就越大。经过测定，地球轨道的半长轴 a 为 1.496 亿千米，半短轴 b 为 1.4958 亿千米。根据这个数据计算出地球轨道的偏心率为 0.0167。

可见，地球轨道非常接近于圆形。

由于地球轨道是椭圆形的，随着地球的绕日公转，日地之间的距离就不断变化。地球轨道上距太阳最近的一点，即椭圆轨道的长轴距太阳较近的一端，称为近日点。在近代，地球过近日点的日期大约在每年一月初。此时地球距太阳约为 1.471 亿千米，通常称为近日距。地球轨道上距太阳最远的一点，即椭圆轨道的长轴距太阳较远的一端，称为远日点。在近代，地球过远日点的日期大约在每年的 7 月初。此时地球距太阳约为 1.521 亿千米，通常称为远日距。近日距和远日距二者的平均值为 1.496 亿千米，这就是日地平均距离，即 1 个天文单位。

根据椭圆周长的计算公式：$L=2\pi a(1-0.25 \times e^2)$ 计算出地球轨道的全长是 9.4 亿千米。

地球的公转方向与自转方向一致，从北极看，是按逆时针方向公转的，即自西向东。这与太阳系内其他行星及多数卫星的公转方向是一致的，平均角速度为每小时 15°。在地球赤道上，自转的线速度是每秒 465 米。

公转与太阳运动

地球公转是从太阳的周年视运动中发现的。为了说明太阳的周年视运动，我们首先用一个动点与一个定点的关系来进行分析。

假如，动点 A 在绕定点 B 做圆周运动。则在定点 B 看上去，A 点的轨迹是一个圆形，A 点的运动方向是逆时针的。这种情况，与从动点 A 看定点 B 的运动特征是完全相同的，B 点的运动轨迹也是圆形的，运动方向也是逆时针的。但是，A 绕 B 的运动是一种真运动，而 B 绕 A 的运动则是一种视运动，它是 A 绕 B 运动的一种直观反映。

地球的绕日公转和在地球上的观测者见到的太阳视运动的特点与上述情况相同。尽管实际情况是地球绕日公转，但是作为地球上的观测者，只能感到太阳相对于星空的运动，这种运动的轨迹平面与地球轨道平面是重合的，方向、速度和周期都与地球的相同。太阳相对星空的运动，是一种视运动，称为太阳周年视运动。太阳周年视运动实际上是地球公转在天球上的反映。

地球轨道面和黄道面

如前所述，地球在其公转轨道上的每一点都在相同的平面上，这个平面就是地球轨道面。地球轨道面在天球上表现为黄道面，同太阳周年视运动路线所在的平面在同一个平面上。

地球的自转和公转是同时进行的，在天球上，自转表现为天轴和天赤道，公转表现为黄轴和黄道。天赤道在一个平面上，黄道在另外一个平面上，这两个同心的大圆所在的平面构成一个23°26′的夹角，这个夹角叫做黄赤交角。

黄赤交角的存在，实际上意味着，地球在绕太阳公转过程中，自转轴对地球轨道面是倾斜的。由于地轴与天赤道平面是垂直的，地轴与地球轨道面交角应是90°-23°26′，即66°34′。地球无论公转到什么位置，这个倾角都是保持不变的。

在地球公转的过程中，地轴的空间指向在相当长的时期内是没有明显改变的。目前北极指向小熊星座α星，即北极星附近，这就是天北极的位置。也就是说，地球在公转过程中地轴是平行地移动的，所以无论地球公转到什么位置，地轴与地球轨道面的夹角是不变的，黄赤交角也是不变的。

黄赤交角的存在，也表明黄极与天极的偏离，即黄北极（或黄南极）与天北极（或天南极）在天球上偏离23°26′。

我们所见到的地球仪，自转轴多数呈倾斜状态，它与桌面（代表地球轨道面）呈66°34′的倾斜角度，而地球仪的赤道面与桌面呈23°26′的交角，这就是黄赤交角的直观体现。

地球公转的周期

地球绕太阳公转一周所需要的时间，就是地球公转周期。笼统地说，地球公转周期是1"年"。因为太阳周年视运动的周期与地球公转周期是相同的，所以地球公转的周期可以用太阳周年视运动来测得。地球上的观测者，观测到太阳在黄道上连续经过某一点的时间间隔，就是1"年"。由于所选取的参考点不同，则"年"的长度也不同。常用的周期单位有恒星年、回归年和近点年。

1. 恒星年

地球公转的恒星周期就是恒星年。这个周期单位是以恒星为参考点而得到的。在一个恒星年期间，从太阳中心上看，地球中心从以恒星为背景的某一点出发，环绕太阳运行一周，然后回到天空中的同一点；从地球中心上看，太阳中心从黄道上某点出发，这一点相对于恒星是固定的，运行一周，然后回到黄道上的同一点。因此，从地心天球的角度来讲，一个恒星年的长度就是视太阳中心，在黄道上，连续两次通过同一恒星的时间间隔。

恒星年是以恒定不动的恒星为参考点而得到的，所以，它是地球公转360°的时间，是地球公转的真正周期。用日的单位表示，其长度为365.2564日，即365日6小时9分10秒。

2. 回归年

地球公转的春分点周期就是回归年。这种周期单位是以春分点为参考点得到的。在一个回归年期间，从太阳中心上看，地球中心连续两次过春分点；从地球中心上看，太阳中心连续两次过春分点。从地心天球的角度来讲，一个回归年的长度就是视太阳中心在黄道上，连续两次通过春分点的时间间隔。

春分点是黄道和天赤道的一个交点，它在黄道上的位置不是固定不变的，每年西移$50''.29$，也就是说春分点在以"年"为单位的时间里，是个动点，移动的方向是自东向西的，即顺时针方向。而视太阳在黄道上的运行方向是自西向东的，即逆时针。这两个方向是相反的，所以，视太阳中心连续两次春分点所走的角度不足360°，而是$360°-50''.29$即$359°59'9''.71$，这就是在一个回归年期间地球公转的角度。因此，回归年不是地球公转的真正周期，只表示地球公转 359°59′9″.71 的角度所需要的时间，用日的单位表示，其长度为 365.2422 日，即 365 日 5 小时 48 分 46 秒。

3. 近点年

地球公转的近日点周期就是近点年。这种周期单位是以地球轨道的近日点为参考点而得到的。在一个近点年期间，地球中心（或视太阳中心）连续两次过地球轨道的近日点。由于近日点是一个动点，它在黄道上的移动方向是自西向东的，即与地球公转方向（或太阳周年视运动的方向）相同，移动的量为每年 11″，所以，近点年也不是地球公转的真正周期，一个近点年地球公转的角度为 360°+11″，即 360°0′11″，用日的单位来表示，其长度 365.2596 日，即 365 日 6 小时 13 分 53 秒。

恒星年才是地球公转的真正周期。回归年是地球寒暑变化周期，即四季变化的周期，它与人类的生活生产关系极为密切。回归年略短于恒星年，每年短 20 分 24 秒，在天文学上称为岁差。

为什么春分点每年西移 50″.29 而造成岁差现象呢？这是地轴进动的结果。

地轴的进动同地球的自转、地球的形状、黄赤交角的存在以及月球绕地球公转轨道的特征，有着密切的联系。

地轴的进动类似于陀螺的旋转轴环绕铅垂线的摆动。当疾转的陀螺倾斜时，旋转轴就绕着与地面垂直的轴线，画圆锥面，陀螺轴发生缓慢的晃动。这是因为地球引力有使它倾倒的趋势，而陀螺本身旋转运动的惯性作用，又使它维持不倒，于是便在引力作用下发生缓慢的晃动。这就是陀螺的进动。

地球就好像是一个不停地旋转着的庞大无比的大"陀螺"，由于惯性作用，地球始终在不停地自转着。地球自身的形状类似于一个椭球体，赤道部分是凸

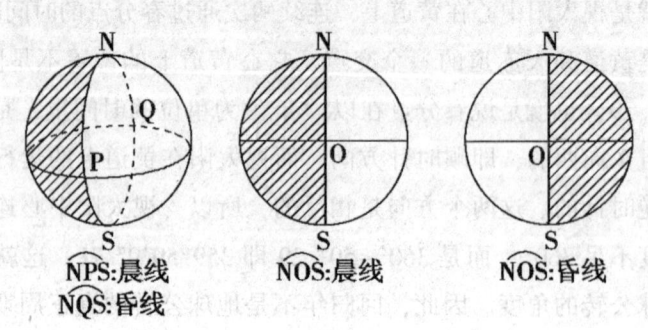

NPS：晨线
NQS：昏线

NOS：晨线

NOS：昏线

出的，即有一个赤道隆起带。同时，由于黄赤交角的存在，太阳中心与地球中心的连线，不是经常通过赤道隆起带的。所以，太阳对地球的吸引力，尤其是对于赤道隆起带的吸引力，是不平衡的。另外，月球绕地球公转的轨道平面，与黄道面和天赤道面都不重合，与黄道面呈5°9′的夹角，也就是说，地球中心与月球中心的连线，也不是经常通过赤道隆起带。所以，月球对地球的吸引力，尤其是对赤道隆起带的吸引力，也是不平衡的。

日月的这种不平衡吸引力，力图使赤道面与地球轨道面相重合，达到平衡状态。但是，地球自转的惯性作用，使其维持这种倾斜状态。于是，地球就在月球和太阳的不平衡的吸引力共同作用下产生了摆动，这种摆动表现为地轴以黄轴为轴做周期性的圆锥运动，圆锥的半径为23°26′，即等于黄赤交角。地轴的这种运动，称为地轴进动。地轴进动方向为自东向西，即同地球自转和公转方向相反，而陀螺的进动方向与自转方向是一致的。

这是因为陀螺有"倾倒"的趋势，而地轴有"直立"的趋势。

地轴进动的速度非常缓慢，每年进动50″.29，进动的周期是25 800年。

由于地轴的进动，造成地球赤道面在空间的倾斜方向发生了改变，引起天赤道相应的变化，致使天赤道与黄道的交点——春分点和秋分点，在黄道上相应地移动。移动的方向是自东向西的，即与地球公转方向相反，每年移动的角度为50″.29。因此，年的长度，以春分点为参考点周期单位要比以恒定不动的恒星为参考点的周期单位略短，这就是岁差产生的原因。

由于地轴的进动，造成地球的南北两极的空间指向发生改变，使天极以25 800年为周期绕黄极运动。所以，天北极和天南极在天球上的位置也是在缓慢地移动着。北极星在公元前3000年曾是天龙座α星，目前的北极星在小熊座α星附近，到公元7000年，将移到仙王座α星附近，到公元14 000年，织女星将成为北极星。

由于地轴进动造成天极和春分点在天球上的移动，以其为依据而建立起来的天球坐标系也必然相应地变化。对赤道坐标系来说，恒星的赤经和赤纬要发生变化，对黄道坐标系来说，恒星的黄经要发生改变。但是，地轴的进动不改变黄赤交角，即地轴在进动时，地轴与地球轨道面的夹角始终是66°34′。

在这里还要说明一下，由于地轴进动而造成的天极、春分点的移动角度相对来讲是很微小的,在较长的时间里不会有很大的移动。所以,我们仍然可以说天极和春分点在天球上的位置不变,恒星的赤经、赤纬和黄经也可以粗略地认为是不变的,以此为依据而建立的星表、星图仍是可以长期使用的。

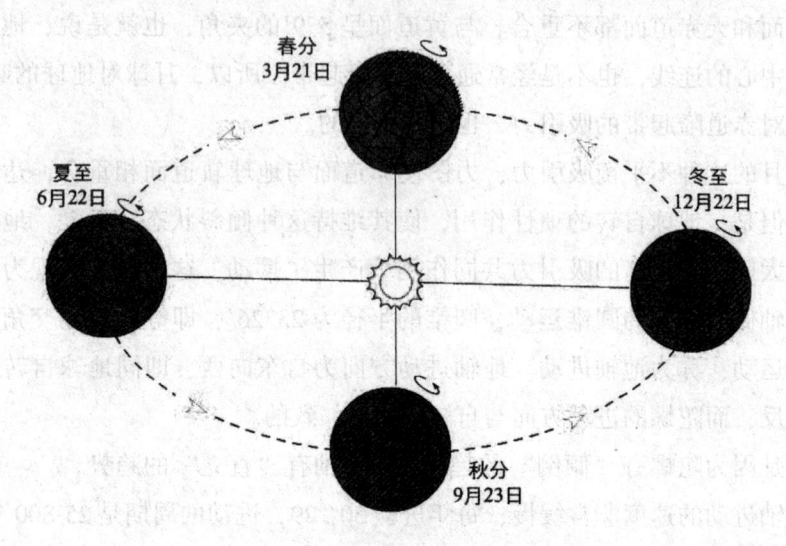

地球的公转速度

地球公转是一种周期性的圆周运动,因此,地球公转速度包含着角速度和线速度两个方面。如果我们采用恒星年作地球公转周期的话,那么地球公转的平均角速度就是每年360°,也就是经过365.2564日地球公转360°,即每日约0.986°,亦即每日约59′8″。地球轨道总长度是9.4亿千米,因此,地球公转的平均线速度就是每年9.4亿千米,也就是经过365.2564日地球公转了9.4亿千米,即每秒钟29.7千米,约每秒30千米。

依据开普勒行星运动第二定律可知,地球公转速度与日地距离有关。地球公转的角速度和线速度都不是固定的值,随着日地距离的变化而改变。地球在过近日点时,公转的速度快,角速度和线速度都超过它们的平均值,角速度为1°1′11″/日,线速度为30.3千米/秒;地球在过远日点时,公转的速度慢,角速度和线速度都低于它们的平均值,角速度为57′11″/日,线速度为29.3千米/秒。地球于每年1月初经过近日点,7月初经过远日点,因此,从1月初到当年

7月初，地球与太阳的距离逐渐加大，地球公转速度逐渐减慢；从7月初到来年1月初，地球与太阳的距离逐渐缩小，地球公转速度逐渐加快。

我们知道，春分点和秋分点对黄道是等分的，如果地球公转速度是均匀的，则视太阳由春分点运行到秋分点所需要的时间，应该与视太阳由秋分点运行到春分点所需要的时间是等长的，各为全年的一半。但是，地球公转速度是不均匀的，则走过相等距离的时间必然是不等长的。视太阳由春分点经过夏至点到秋分点，地球公转速度较慢，需要186天多，长于全年的一半，此时是北半球的夏半年和南半球的冬半年；视太阳由秋分点经过冬至点到春分点，地球公转速度较快，需要179天，短于全年的一半，此时是北半球的冬半年和南半球的夏半年。由此可见，地球公转速度的变化，是造成地球上四季不等长的根本原因。

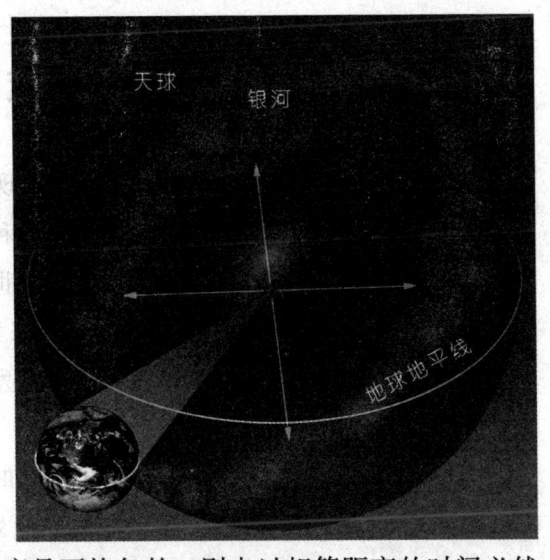

地球的自转

地球绕自转轴自西向东的转动。地球自转是地球的一种重要运动形式，自转的平均角速度为 7.292×10^{-5} 弧度/秒，在地球赤道上的自转线速度为465米/秒。一般而言，地球的自转是均匀的。但精密的天文观测表明，地球自转存在着三种不同的变化。

地球自转速度的变化

20世纪初以后,天文学的一项重要发现是,确认地球自转速度是不均匀的。人们已经发现的地球自转速度有以下三种变化:

长期减慢。这种变化使日的长度在一个世纪内增长了1~2毫秒,使以地球自转周期为基准所计量的时间,2000万年来累计慢了两个多小时。引起地球自转长期减慢的原因主要是潮汐摩擦。科学家发现在3.7亿年以前的泥盆纪中期,地球上一年大约400天。

周期性变化。20世纪50年代从天文测时的分析发现,地球自转速度有季节性的周期变化,春天变慢,秋天变快,此外还有半年周期的变化。周年变化的振幅为20~25毫秒,主要是由风的季节性变化引起的。

不规则变化。地球自转还存在着时快时慢的不规则变化。其原因尚待进一步分析研究。

地球的自转轴

地球自转轴在地球本体上的位置是经常在变动的,这种变动称为地极移动,简称极移。1765年,欧拉证明,如果没有外力的作用,刚体地球的自转轴将围绕形状轴作自由摆动,周期为305恒星日。1888年人们才从纬度变化的观测中证实了极移的存在。1891年美国的S.C.张德勒进一步指出,极移包括两种主要周期成分:一种是周期约14个月的自由摆动,又称张德勒摆动;另一种是周期为12个月的受迫摆动。

实际观测到的张德勒摆动就是欧拉所预言的自由摆动。但因地球不是一个

绝对刚体，所以张德勒摆动的周期比欧拉所预言的周期约长 40%。张德勒摆动的振幅 0.06″~0.25″ 缓慢变化，其周期的变化范围为 410~440 天。极移的另一种主要成分是周年受迫摆动，其振幅约为 0.09″，相对来说比较稳定，主要由大气和两极冰雪的季节性变化所引起。

将极移中的周期成分除去以后，可以得到长期极移。长期极移的平均速度约为 0.003″/年，方向大致在西经 70°。

地球自转轴的变化

地球的极半径约比赤道半径短 1/300，同时地球自转的赤道面、地球绕太阳公转的黄道面和月球绕地球公转的白道面，这三者并不在一个平面内。由于这些因素，在月球、太阳和行星的引力作用下，地球自转轴在空间上产生了复杂的运动。这种运动通常称为岁差和章动。岁差运动表现为地球自转轴围绕黄道轴旋转，在空间描绘出一个圆锥面，绕行一周约需 2.6 万年。章动是叠加在岁差运动上的许多复杂的周期运动。

证明地球自转的方法有如下几种：

1. 牙签法

先用一只脸盆装满水，放在水平且不易振动的地方，待水静止后，轻轻放下一根木质细牙签，并在牙签的一端做一个记号，记住牙签的位置，过几个小时后（最好 10 个小时以上）再去看，你就会发现，牙签已经转动了一定角度，看起来好像是牙签在转动，其实它并没有转动，而是地球在转动。在北半球，牙签作顺时针转动，因为地球自转在北半球看起来是逆时针方向的，南半球则与北半球相反。

2. 炮弹法

地球时刻不停地自转，地面上水平运动的物体，必然相对地发生持续的右偏（北半球）或左偏（南半球）。根据这种现象，人们分析射出的炮弹运动的方向，就能证明地球在自转。

3. 重力加速度法

地球在时刻不停地自转，由于惯性离心力的作用，地面的重力加速度必然

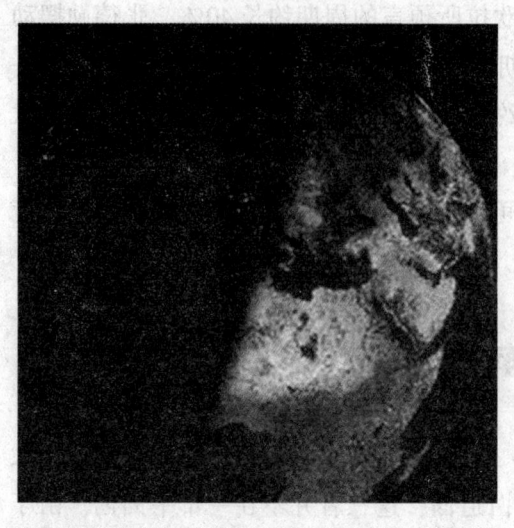

是赤道最小，两极最大；地球不可能是正球体，而必然是赤道略鼓，两极略扁的旋转椭球体。重力测量和弧度测量的结果，证实了这些观点的正确性，也就从侧面证实了地球的自转。

4. 深井测量法

地球时刻不停地自转，由于自转速度随高度而增加，物体自高处下落的过程中，必然具有较高的向东的自转速度，而必然坠落在偏东的地点。为了证实这一点，有人曾在很深的矿井中进行试验。试验结果是：自井口中心下落的物体，总在一定的深度同矿井东壁相撞，从另一个侧面证实了地球的自转运动。

5. 傅科摆

证实地球自转的仪器，是法国物理学家傅科于1851年发明的。地球自西向东绕着它的自转轴自转，同时在围绕太阳公转。观察地球的自转效应并不难。用未经扭曲过的尼龙钓鱼线，悬挂摆锤，在摆锤底部装有指针。摆长从3～30米皆可。当摆静止时，在它下面的地面上，固定一张白卡片纸，上面画一条参考线。把摆锤沿参考线的方向拉开，然后让它往返摆动。几小时后，摆动平面就偏离了原来画的参考线。这是在摆锤下面的地面随着地球旋转产生的现象。

由于地球的自转，摆动平面的旋转方向，在北半球是顺时针的，在南半球是逆时针的。摆的旋转周期，在两极是24小时，在赤道上傅科摆不旋转。在纬度40°的地方，每小时旋转10°，即在37小时内旋转一周。显然摆线越长，摆锤越重，实验效果越好。因为摆线长，摆幅就大。周期也长，即便摆动不多几次（来回摆动一两次）也可以察觉到摆动平面的旋转、摆锤越重，摆动的能量越大，越能维持较长时间的自由摆动。

地球上发生的神秘突变事件

生物突然大灭绝

2.5亿年前,地球绝大多数物种在一段相对较短的时间内灭绝,成为我们这个星球史上独一无二的一个物种灭绝时期。长久以来,科学家一直在寻找背后的原因。《科学》杂志揭示出这次大灭绝不是逐渐消灭,而是一次突然爆发的灾难性事件。

据介绍,由于缺乏地层化石记录,2.5亿年前生物大灭绝的原因曾被认为是海平面长期下降引起持续性环境恶化,导致生物加速消亡。20世纪70—80年代,中国华南地区连续发现记录这一特大生物灭绝过程的地层,一些中外专家根据对这些地层化石的观察分析,提出了2~3次分期灭绝的观点。金玉升等科研人员应用现代科技手段,对古生代与中生代分界的国际标准地层——浙江省长兴县煤山剖面丰富的古生物资料进行严密的科学研究分析,首次提出2.5亿年前的生物大灭绝是一次爆发性的灾难事件。

那次物种大灭绝发生在2.5亿年前,也就是所谓的"二叠纪—三叠纪大灭绝",因为它发生在地理上二叠纪时期的末代和三叠纪时期的开始。当时,地球上90%以上的海洋动植物以及70%的陆地物种惨遭灭绝。大灭绝标志了地球上第一次生命蓬勃发展时代的结束,同时,它又宣告了爬行动物兴盛时代的开始。大灭绝背后的"凶手"到底是谁?

像警察调查一样,科学家们希望通过重建大灭绝时的详细场景,包括它发生的时间和形式,来全力以赴找到灭绝的原因。《科学》杂志公布了研究结果,这次大灭绝可能是在50万年或是更短的时间内发生的。

《科学》杂志的研究员还公布了其他惊人的线索，包括从灭绝时期岩石层里发现的一些细小的金属球，这些线索有助于搞清真相，大大缩小了科学家们查找原因的范围。

科学研究者们，包括来自南京的中国科学家和美国华盛顿的科学家，在中国浙江长兴县煤山对"二叠纪末大灭绝"进行了研究。之所以在煤山进行研究，是因为那里有一系列的岩石层横跨这两个地理时期。

科学家们的分析指出，他们研究的大多数物种大约在2.51亿年前从化石记录中消失，是在二叠纪—三叠纪交界时的岩层中。这些岩层表明，二叠纪—三叠纪交界时期之前，33%的物种灭绝，而在交界时，物种灭绝率高达94%。这种令人惊异的灭绝率的上升是突然出现的，是在短短50万年内发生的。

科学家们认为，大灭绝是单独的、突然出现的，而不是几个一连串更小形式的灭绝。大多数物种在大约2.5亿年前灭绝的，随后，少量的幸存生物在后来的100万年中也消失了。

科学家推断，这次生物大灭绝，很可能是受超大规模火山喷发、地外物体撞击等突发性因素的驱动。这与6500万年前恐龙灭绝事件有很多相似之处。

当大多数研究者们还在调查大灭绝的神秘原因时，一些科学家的兴趣已经转移到这之后发生的事情上去了，就是后来的生物大复兴。

他们想用大灭绝找到的信息来搞清楚这场大灾难之后，生命是如何重新兴盛起来的，来探索出那些幸存下来的动植物的本质和生命反弹的时间和形式。他们认为，了解大灭绝之后再复兴的原因，对于了解生命的历史可能比了解灾难本身更重要。

他们说："生命从最初形态发展进化到今天，物种大灭绝是一种最基本的变化。今天的生物，都是基于那些2.5亿年前灭绝的那些生物而发展起来的。"

地球突然变冷

根据一种生活在海洋中的硅质浮游生物——放射虫留下的"蛛丝马迹"，中国科学家研究证实，90万年前地球气候确实存在突然变冷的"中更新世革命"。

20世纪90年代初，德国科学家根据赤道太平洋海底沉积物中有孔虫氧同位素的记录，他们研究认为，地球气候在90万年前突然变冷，并将这一事件称为"中更新世革命"。由于这一观点与传统的地球气候理论测算值并不吻合，因此在国际上一直存有争议。

中国科学家用了5年时间，对中国南海南部海底沉积物中放射虫的记录进行了深入分析研究，结果发现，90万年前放射虫的种类、数量与现在均有很大不同。90万年以来，海洋中的放射虫数量大增，放射虫的种类也从热带组合占优势转变成亚热带组合占优势。

长期从事这一课题研究的同济大学海洋地质教育部重点实验室副教授王汝建解释说，这证明90万年前全球气候突然变冷，季风加强，引起海洋的上升流将海底的营养带到了表层，从而使放射虫数量急剧增加。

5亿年前就已经在海洋中生存的放射虫，对外界气候反应极为灵敏，由于其主要成分是硅质，容易保存在海底沉积物中，因此千百万年来，这种五颜六色呈放射状、肉眼几乎难以辨别的美丽小虫不断死亡，不断沉积下来，忠实地记录了地球气候每一个阶段的变化。

权威专家指出，放射虫的研究首次印证了中国南海南部同样也存在"中更新世革命"，这对研究中国南海的古气候及季风的演变具有重要价值。

北极冰与大海

在过去的三十多年里，阿拉斯加、西伯利亚以及加拿大部分地区的平均气温，每年都有4℃升幅，与1980年相比，海洋冰层的厚度减少了40%，冰层的覆盖面积减少了6%。这些地区的永冻层正在失去"永冻"的意义，由此，人们怀疑北极冰将融入大海。

2000年8月，美国海洋地理学家麦卡锡声称北极出现了5000万年未见的景象：通常在夏季厚达3米的极点冰盖化做了一汪海水。他在随一个旅游团乘俄罗斯破冰船前往北极时，发现本来覆盖着极点的厚厚冰层变为宽约1千米的海面。

他说，这与6年前的北极完全不同。当时，他随一队游客乘俄罗斯破冰船前往北极，他们搭乘的破冰船必须破开2～3米厚的冰层才能到达极点。而这次，

破冰船在向极点进发时沿途的冰层稀薄，到了极点更是无冰可破。

按照科学界的共识，最近一次极点出现海水的景象是在5000万年前。最近数十年来，北极的冰层正在逐年变薄。

与此同时，俄罗斯海洋学家也指出，由于地球变暖，俄罗斯极北地区的永久冻土带受到了北冰洋的侵蚀，这导致北冰洋正不断向陆地推进。

来自俄罗斯符拉迪沃斯托克和莫斯科的海洋学家组成的考察组，乘坐"尼古拉·科洛米采夫"号水文地理船对俄极北地区进行了较为全面的考察。考察队队长谢米列托夫在接受俄通社——塔斯社记者采访时说，由于极北地区永久冻土带不断消融，近1万年来一些岛屿已被北冰洋的浪涛侵蚀而消失。据估计，由于永久冻土带的存在，近1万年来俄极地海岸曾远离北冰洋达200千米。

谢米列托夫指出，永久冻土带在消融过程中，会散发出二氧化碳和甲烷进入大气，从而可能间接破坏地球大气的臭氧层而加速臭氧层空洞的形成。因此，地球变暖对北极地区水文地理造成的影响应引起人们的重视。

另外，对于在俄罗斯破冰船"雅摩"号上的旅游者和导游来说，这也是一个令人惊讶的景观。当到达北极时，他们看到在一望无际的冰层中，有一个1.5千米宽的"大洞"。在船上的一名海洋学家詹姆斯·马卡西对美国《时代周刊》说："这简直令人不敢想象。"在纽约一家自然历史博物馆工作的学者说："我不知道在历史上是否有人在北纬90°见过水。"

这一发现说明全球的气候正在变暖，这种说法对吗？气象学家回答说："这种推测是没有必要的。"他们说："我们应该感谢由于极地冰层气温升高和断裂形成的大风，尤其是在夏季炎热的月份。"美国航空署下属的航空飞行中心的官员说："他们的卫星长期对极地冰层进行监测。"他们说："实际上，这种情况已经发生过多次，几乎每年都有。"另一位北极观测者解释说："有时候，这种

开裂的大洞有数百英里长。"

尽管如此，科学家们并不否认其他一些北极正在变暖的迹象。但这次发现的冰层断裂仅仅发生在极地地区，并不意味着极地正在融化。

在加拿大曼蒂托巴省胡德森·贝地区经营极地探险旅游的旅行社正在修改他们的宣传手册。因为在过去的手册里，他们建议游客去查奇尔地区观看蓝鲸的时间是 6 月中旬。这时候，蓝鲸随着春季冰层的解冻游往查奇尔河的出海口。但是，在新的宣传手册中，由于解冻的时间提前，他们建议游客去该地参观的时间已经变成了 5 月初。

同样，胡德森·贝地区在秋天的结冰时间也比以往向后推迟了两个星期，这一变化使当地的一些野生动物"不知所措"。据称，在这个阶段，北极熊通常是从它的夏天巢穴出来后经过查奇尔向北前往冰冻地区。但是现在，当北极熊按照原来的时间走到原本应该是结冰的区域时，却发现前面仍然是大片的海水。由于不能前行，这些北极熊不得不饿着肚子调头走向附近的小镇。为了避免北极熊与小镇上的居民发生"冲突"，当地自然资源机构的人员用麻醉枪把它打倒，并把它关在一个特制的金属笼内，送往小镇以北 16 千米的地区。从 20 世纪 70 年代起，由于结冰时间的推迟，当地自然资源机构的人员经常在镇上和附近捕获到找不到方向的北极熊，其总数超过了 100 头。

不仅如此，当地的人们也感觉到了气温的升高。在阿拉斯加，永冻层的融解造成了许多起伏不平的"滑板路"，输电线路也歪七扭八，一些房屋开始慢慢下沉。在广阔的原野中，气温升高的迹象更加明显，很多地方出现了湿地、池塘和草地，在驯鹿离开时，麋鹿又来了。在加拿大西北部，当地居民习惯于在永冻层挖地窖来储藏食物。但是，气温的升高对他们这种传统的生活方式构成了威胁。加拿大北部地区的永冻层使沿海地区的土质非常坚硬。但是，气温的升高影响了土质，很多在海岸线上的村落因为土质变软崩塌不得不迁往其他地区。由于冰层离海岸线越来越远，捕猎者发现猎物常常跑到他们的船只到不了的地方。

北极可以说是地球自身的一个气温自动调节器，回归线和极地之间的气温差异左右着全球的气候系统。在回归线区域聚集的多余热气流基本上是在极地散尽的。其中，有一半是通过被称之为"海洋输送带"，相当于 100 条亚马孙河的深水洋流送往极地消耗掉的。剩余的热气流作为风暴的能量从回归线区域带到北极。如果极地气温上升的速度继续比回归线区域快的话，目前这种气温循环的调节系统就将被破坏，继而改变大风、洋流和降雨的模式。如此所造成的影响之一就是：如果降雨变得不稳定和无法预测的话，那么，美国和加拿大的农作物将会受严重影响。目前穿越北半球、来势凶猛，并且无法预测的风暴也许就已经预示了全球气候系统的变化。

甚至一些更大的气候变化也会随之发生。越来越多的科学家担心，这种气温变暖的趋势将严重破坏洋流循环的模式。从而造成"温暖"北半球大部分地区的洋流出现间歇性停止。这样的话，气温上升的结果反过来会使全球的气温下降，甚至达到寒冷的程度。

如果不及时采取措施，全球气候的巨变将不可避免。只要北极的水表温度再升高几摄氏度，海洋冰层将会全部消失。即使只有部分融化，也会对北半球的气候产生影响。届时，冰川的融化和降雨量的增加将会使大量的淡水在北大西洋上形成淡水层，漂浮在海水的上面。而北大西洋的海水通常是比较冷，且在下沉。如果比重较轻的淡水不下沉，就会阻断在关键位置上通过海洋把热量进行循环的垂直环流，这就如同正在运行的传送带被你紧紧抓住，最后慢慢地停下来。

那么，这种情况又怎样使原来温暖的气候转冷的呢？通常来说，"大洋传输带"是被大西洋中大量的由下沉水流造成的阻力推动。所以，一旦这种推动力减少，湾流北部暖流的运动将会慢下来，或者完全停止。这样，就会造成欧洲、北美，或者其他地区的气温下降。

很早以前曾经发生过这种情况。在1.2万年前的冰期时代，升高的气温融化了圣劳伦斯河的冰川，并流到了北大西洋，造成了洋流停止运行。从而使欧洲陷入了1300年的严寒期。越来越多的科学家担心海洋冰层的继续融化会使历史重演。

这种大灾难也许是人类自作自受的结果。很多科学家都认为气温变暖与人类不断增加废气排放量有很大的关系。

在21世纪，要想避免气温的变化，无论是升高还是降低，也许都不太可能了。尽管地球的自身调节系统在发生这些变化时会起到一些补救作用。但是，可能性比较大的是，这种气温的变化会促使我们无论如何要尽快改变目前全球矿物原料的废气排放问题。如果我们把这一问题解决了，人类将会在各方面受益，对目前面临的气候问题也大有好处。

地球灾难之谜

我们的地球是在渐变和灾变中演化过来的，渐变是缓慢地变化，是宇宙中所有星体共有的规律，也是地球自身演化的基本规律。但古生物和古地质在短时间发生的"巨变"现象，用渐变很难解释沧海桑田、生物灭绝等翻天覆地的变化，对地球而言，就是"灾变"。

20世纪80年代以来，宇宙天体碰撞学说风行一时，科学家开始相信，在地球历史中所发生的重大事件都与碰撞密切相关，这些事件的爆发造成了地球环境的灾变，从而导致了生物的大规模的绝灭。这种绝灭又为生物的进一步进化铺平了道路，一些生命消失了、衰落了，另一些生命诞生了、进化了。

传说中地球的三次特大灾难

在历史悠久、文化传统丰富的民族之中，总是会流传一些不入典籍的神话传说，这些代代以口相传的古老传说，充满了神奇的魅力。而且，在科学研究中，它们又有一定的参考价值。然而，如何看待一个到处流浪且行将消亡的古老部落留下的传说呢？

这个古老部落就是中美洲印第安人中霍皮斯部落，他们对自己部落的流浪史及宇宙的复杂情况，有着惊人的了解。在他们的编年史里，记载着地球的三次特大灾难：第一次是火山爆发；第二次是地震以及地球脱离轴心的疯狂地旋转；第三次就是12 000年前的特大洪水。

令人疑惑不解的是，这些传说竟与科学家的某些推测乃至后来发生的事实相吻合。

如休·奥金克洛斯和布朗提出一种假设，认为假如地球两极中有一极的冰覆盖重量突然变大，地球的旋转就会发生颤动，最后便离开轴心狂乱地转动。这与霍皮斯部落的地球脱离轴心的传说不谋而合。可是霍皮斯部落何来这种太阳系的非凡知识呢？

至于霍皮斯部落的 12 000 年前特大洪水的记载也与事实相吻合。而且，类似的传说也很多，如《圣经》中幸运的诺亚方舟，在印度史诗《玛哈帕腊达》中逃脱洪水灭顶之灾的佩斯巴斯巴达，中国大禹治水的故事，哥伦比亚神话中的在地球上挖洞才免遭被淹死的浓希加等。

事实上在 12 000 年前的确发生了一场世界性的特大洪水。那是由于原因不明的气候突变，第三冰期的冰川突然开始融化，使得全球水位上升，淹没了大西洋、地中海、加勒比海及其他地区的陆地和岛屿，形成了海峡。后来，加上海底火山爆发，使部分陆地下沉，因而形成了世界性的特大洪水。

关于这次洪水，许多岩石给我们提供了有力的佐证。苏联科学家在亚速尔群岛北部海水下 2200 米深处取出的岩石试样，经鉴定是 17 000 年之前在空气中形成的。19 世纪，人们在亚速尔群岛的一次海底疏浚工程中，从水下捞出的一些玄武玻璃块，这是一种在大气压力下的空气中形成的玻璃化熔岩。1956年，斯德哥尔摩国家博物馆的马莱斯博士及柯尔勒博士，在北大西洋 3600 米深处的硅藻上发现了淡水。经研究，2000 年前，这里曾经是一个淡水湖的所在地。科学家们还证实，巴哈马群岛被淹部分的岩石，在 12 000 年前，曾经在空气中存在过。

当然，凭以上的证据来证实霍皮斯部落的传说完全属实，尚显不足。假若那部分是事实，那么，那样落后的一个部落何以能有这样的知识？这的确是一个谜。

遍体鳞伤的地球

尽管地球上大多数的冲击坑都被自然之手抹平了，或者被海水吞没了，但科学家们还是发现了一百二十多个地球上幸存下来的冲击坑，而且现在每年还在辨认若干新的冲击坑。

亚里桑那陨石坑。它是1905年美国工程师、企业家巴林格首先确认是陨石坑的，所以，又名巴林格陨石坑。它不仅大，而且奇特，是当地旅游观光的好去处。坑的直径约1200米，深约180米，边缘高30~40米，接近为四方形，如此巨型陨石坑，就是你绕周边走一圈，至少也得花好几个小时。形成巴林格陨石坑的是"大铁块"，估计直径达60米，质量约100万吨，在2万年以前以每秒约20千米的速度，冲击地球，发生特大爆炸，从而给地球留下至今难愈的"创伤"。

南非阿扎尼亚的维列德福盆地。在南纬27°附近，直径达70千米，调查结果表明它大约形成于3亿年以前。

澳大利亚中部的亨伯里陨石坑群。澳大利亚中部气候干旱，亨伯里地区人迹稀少，这里保存着13个坑穴，其中最大1个是卵圆形，最长直径220米，深12米。亨伯里陨石坑的发现，是1930年11月25日一场流星雨引出来的。

爱沙尼亚萨莱马岛的卡利湖。在20世纪20年代末，科研人员确定该湖是一个陨石坑，直径为110米，深22米。在湖周围0.75千米范围内，还发现有至少6个坑。萨莱马岛位于波罗的海东侧，面积2600多平方千米。在不大的小岛上有陨石坑群，也是很难得的。造成该岛陨石坑群的流星雨爆发在大约3500年前。

加拿大魁北克省的环形湖。最初它是一架美国飞机在魁北克省的昂加瓦地区发现的一个特别圆的小湖，后来，查明是一个陨石坑。直径比亚里桑那陨石大3倍，最大深度超过500米，据估计，陨石坑的年龄不到2亿年。

中国学者徐道一、严刚等认为太湖是一个陨石撞击坑。

中国也陆续发现一些陨石坑。内蒙古河北交界处，多伦陨石坑，直径170千米。吉林九台县的上河湾陨击坑，直径30千米。广州始兴县的陨击坑，直径3千米。在广东新兴县还发现内洞陨击坑，直径达6千米。

也有学者撰文指出四川盆地就是一个巨大的陨石坑。

科学家还宣称在海底探明有陨石坑，并大胆提出，地球上的许多海洋盆地，甚至是太平洋、墨西哥湾等，也是陨石撞击出来的。不过这种推想毕竟太不符合观测事实。

无论如何，天体冲撞地球，在地球演化中扮演了不可或缺的角色，这是多数科学家公认并认真思考的事实。

几亿、几万年前的灾难性碰撞，虽然离我们太遥远，但发生在我们眼皮底下的碰撞，不能不引起警惕和深思。

地球最危险的敌人

彗木大碰撞作为历史一页已经翻过，留给地球的警示和启迪却发人深省：地球会遇上这种灾难性碰撞吗，可能性有多大？如果有朝一日遇上了，人类能够战胜吗？

像彗星、流星体这样的不安分子，到底有多少？对地球到底构得成威胁吗？在这场角逐中，小行星也是不可缺少的角色。

1801年元旦，意大利天文学家皮亚齐在火星和木星轨道之间发现新行星起，就揭开了人类发现和研究小行星的序幕。从第一颗谷神星、智神星、婚神星、灶神星……整个19世纪，发现400个以上，到了20世纪，小行星的发现愈加频繁。到现在为止，天文学家已发现多达5000颗。

其中已测算出运行轨道并编号的近3000颗。据估计，现代天文望远镜发现的小行星仅占总数的千分之几。

虽为数众多，但这些小行星体积和质量都很小。最大的谷神星直径只有770千米，不到月球直径的1/4，体积不足地球体积1/450，如果你登上小行星，能一目了然地意识到是在一颗行星上，四周越远越向下弯，球形感油然而生。1937年发现的赫梅斯小行星，直径不足1千米，只有泰山的一半高。因此到现在为止，小行星全部聚集成团，充其量也只有一颗中等卫星的大小，同大行星的大小相比，真是差得太远了。

这么浩浩荡荡小行星军团，多数都集中行走在火星和木星轨道之间的小行星带上，越出这个范围的极少，但也有少数不老实的"卒子"，沿椭圆轨道运行，远时可以跑到木星以外的空间，甚至跨过土星轨道之外，近时却大踏步走进地球轨道里侧，甚至深入到金星轨道之内，为"近地小行星"，成为太阳家族的不安定分子，很可能是未来对地球的主要"杀手"。

近地小行星轨道偏心率一般比较大，从它与地球之间距离来说，最近时一般几百万千米至数千万千米，少有贴近到百万千米以内的。1937年10月小行星赫姆，在地球外80万千米附近掠过，只相当于月地距离的两倍，1989年3月，也有一颗小行星飞到距地球75万千米的位置，又远离我们而去，从辽阔的宇宙空间尺度来看，说它们与地球近在咫尺，也许并不夸张。这么多小行星在地球附近空间穿来穿去，确实让人捏一把汗的。

地球遇上灾难性碰撞的可能性有多大

根据专家的看法，直径大于1千米的小行星以及直径超过600米的彗星，原则上都有可能成为地球的潜在敌人。据天文学家计算，目前宇宙中，直径为1千米的"危险分子"为1200~2000颗，太阳系中，直径100米的彗星达100万颗，潜在威胁很大。

那么近地小行星与地球碰撞概率如何呢？各方面估计不尽相同，出入也大。有人估计，平均几十万年或几千万年发生一次，这对地球46亿多年的漫长岁月而言，可以用"司空见惯"来形容了。

每年都发生的可能性50万分之一。

今后100年的可能性10万分之一。

人的一生中的可能性20万分之一。

像彗木碰撞每1000万~8000万年有一次。

日本的吉川真通过分析，直径为1千米以上小行星撞击概率为12万年一次，今后2600年间，有五六个小行星处于和地球较为接近的状态，最近是相距

15万千米，约为月地距离的一半。

所以，所谓杞人忧天不无道理，所谓天地冲撞也并不是危言耸听，应唤起天文学家和公众注意。

从这一角度看，就算是百万分之一的概率，一旦小天体突袭地球，人类应抢先预报，测算轨道。对此，中国天文学家通过传媒公布了科学预测：未来100年之内，地球可平安无事，北京天文台研究员李启斌和同事经研究，他们说到21世纪会有小行星三度"接近"地球，第一次是编号4179的小行星于2004年9月29日在距地球150万千米处一擦而去；第二是编号2340号的小行星于2069年在距地球100万千米处与地球照上一面，再于2086年重新来到距地球105万~110万千米的地方拜会地球。

而人类可能会采取拦截、击毁、改变轨道等方法保卫地球家园，使其不致在地面造成巨大的危害。

总之现代的地球人不会坐以待毙。人类有能力保护自己！

防范地球遭撞击之策略

设想未来某一天，一个巨大的天体向地球飞驰而来，人们该采取何种措施呢？小天体撞击地球已经是一个非常现实的问题。

科学家们比较一致的认识是：对地球威胁最大的是那些数以千计的近地小天体。它们主要是小行星、彗星以及它们抛洒在轨道上的碎块，此外还有流星体等，它们是人类的天敌，要随时监视它们，想尽一切办法控制它们，决不可掉以轻心。

我们要做的工作是：

建立小天体档案，把所有直径大于1千米的近地小天体的全部数据编制成观测表，登记在案，加强观测和监视。

筛选出有危险"企图"的近地天体，及时探讨如何有效预防和拦截措施。

建设"空间警戒网"。准备在全球范围内建立6架专用于小天体观测的天文望远镜。望远镜口径不小于2米，首先寻找和监控可能在下个世纪"骚扰"

地球的近地天体。

研究和实施拦截、击毁、改变小天体运动轨道的高超技术。办法是：给小天体一个垂直于它运动方面的横向速度，这个天体就不会再按"危险历程"运行了，也可以采用爆炸的形式打掉小天体，但也有科学家不赞同此做法。重要的是给出近地小行星的预警时间，使人类有可能做好充分准备来避免。

进行这项工作绝非一朝一夕之功，它需要唤起全世界的注意，集中全人类的智慧，参与到保卫地球的行动中来。

1993年4月，天文学家们特意在意大利的埃里斯召开专门国际会议，共同讨论了小天体可能撞击地球的问题。会议通过并发表了《埃里斯宣言》，受到了很多国家和组织的重视和关注。

防卫策略之一 使其偏离原轨道

防范空间来犯者，首先测定潜在撞击物体的位置并掌握他们在地球附近的活动。只需一个很小的冲力，就可改变天体的运行速度，即可使小天体偏离原来的轨道，它们就不会同地球相撞，使其在冲击地球前几十年就推出原来的轨道。改变天体的速度，可以通过改变其质量来实现。具体办法有二：

激光束。通过一种巨大的激光装置，把极大能量投射到危险天体一侧。激光束使被投射一侧表面温度急剧升高，使它裂开并最终分离出来，这样就减少了天体质量，从而改变其运动速度和轨迹。当然这种技术要求，目前实难达到。

质量转移器。设法在危险目标上安装一台质量转移器，让其在上面不断挖掘矿物，并不断抛入太空并持续数年或数十年，最后达到减小其质量和改变其轨迹的目的。当然，这种机械任务对目前来讲，难度也太大。

防卫策略之二 在目标上空引爆核弹

该措施是在目标物上空几百米处引降一枚核弹。可使用一个巨大的俄罗斯发射装置装上美国核弹头的拦截导弹射向目标上空。

该办法的原理同前面讲到的"激光束"一样，炸弹的能量使目标物一侧急剧升温并使之分裂。

科学家们计算了各种可能性，其重量小到1万吨（可偏转1千米直径的物体），大到1000万吨（可偏转10千米直径的物体）。这种技术被认为是最节能的使潜在杀手发生偏斜的手段。

防卫策略之三 粉碎来犯者

想避免宇宙大碰撞，看来最有效的办法是摧毁来犯者。但是，严重的问题是这类爆炸势将不可避免地产生巨大的、无法预测的碎片。为了摧毁撞击物，爆炸必须大得使每个碎片小于10米，以确保它们在地球大气层中全部烧光。想要取得效果最大的爆炸，最好的办法是把爆炸物深深地置于撞击物的内部。这种技术要求性能良好的深埋装置（目前尚未发展这类产品），也需要炸毁天体所需的巨额能量。一枚百万吨级的核弹头能摧毁一个750米直径的球体，10亿吨级的核弹能摧毁一个7千米直径的物体。与偏转办法相比，粉碎行动不仅危险得多，所耗能量之大也无法比拟。

防卫策略之四 "以毒攻毒"方案

此方案，又称"灵巧峰峦"计划。

这一计划堪称是争议中的星球大战计划"灵巧卵石"的老大哥。它建议把体积很小的小行星准确地引入地球轨道，用它们攻打一颗较大的小行星。目前认为这一办法纯属异想天开，尚未经受过认真研究。

第四章
地球的万千气象

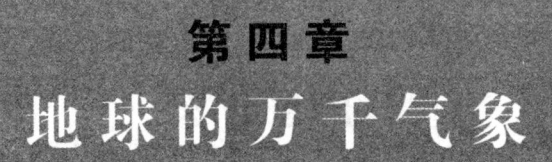

风

风是什么

风常指空气的水平运动分量,包括方向和大小,即风向和风速。但对于飞行来说,还包括垂直运动分量,即所谓垂直或升降气流。阵风(又称突风)则是在短时间内风速发生剧烈变化的风。气象上的风向是指风的来向,航行上的风向是指风的去向。在气象服务中,常用风力等级来表示风速的大小。

英国人 F. 蒲福于 1805 年所拟定的"蒲福风级"将风力分为 13 个等级 (0~12级)。自1946年,风力等级又增加到18个 (0~17级)。

风和阵风对飞机飞行影响很大。起飞和着陆时必须根据地面的风向和风速选择适宜的起飞、着陆方向;飞行中必须依据空中风向和风速及时修正偏流,以保持一定的航向和计算出标准的飞行时间;修建机场时,必须根据风的气候资料确定跑道方位。另外,风对飞机飞行性能也有明显影响,例如逆风飞行时,飞机升力将会增加。阵风则对飞机飞行载荷产生显著的影响,在飞行器的设计中需要给出描述阵风的模型和强度标准。

风的单位和测量

相对于地表面的空气运动,通常指它的水平分量,以风向、风速或风力表示。风向指气流的来向,常按16方位记录。风速是空气在单位时间内移动的水平距离,以米/秒为单位。大气中水平风速一般为1.0~10米/秒,台风、龙卷风有时达到102米/秒。而农田中的风速可以小于0.1米/秒。风速的观测资料

有瞬时值和平均值两种，一般使用平均值。风的测量多用电接风向风速计、轻便风速表、达因式风向风速计，以及用于测量农田中微风的热球微风仪等仪器进行；也可根据地面物体征象按风力等级表估计。

形成风的原因

形成风的直接原因，是气压在水平方向分布的不均匀。风受大气环流、地形、水域等不同因素的综合影响，表现形式多种多样，如季风、地方性的海陆风、山谷风、焚风等。简单地说，风是空气分子的运动。要理解风的成因，先要弄清两个关键的概念：空气和气压。空气的构成包括氮分子（占空气总体积的78%）、氧分子（约占21%）、水蒸气和其他微量成分。所有空气分子都以很快的速度移动着，彼此之间迅速碰撞，并和地平线上任何物体发生碰撞。

气压可以定义为：在一个给定区域内，空气分子在该区域施加的压力大小。一般而言，在某个区域空气分子存在越多，这个区域的气压就越大。相应来说，风是气压梯度力作用的结果。

而气压的变化，有些是风暴引起的，有些是地表受热不均引起的，有些是在一定的水平区域上，大气分子被迫从气压相对较高的地带流向低气压地带引起的。

大部分显示在气象图上的高压带和低压带，只是形成了伴随我们的温和的微风。而产生微风所需的气压差仅占大气压力本身的1%，许多区域范围内都会发生这种气压变化。相对而言，强风暴的形成源于更大、更集中的气压区域的变化。

风对人类活动的影响

风是农业生产的环境因子之一。适度的风速对改善农田环境条件起着重要作用。近地层热量交换、农田蒸散和空气中的二氧化碳、氧气等输送过程随着风速的增大而加快或加强。风可传播植物花粉、种子，帮助植物授粉和繁殖。风能是分布广泛、用之不竭的能源。中国盛行季风，对作物生长有利。在内蒙古高原、东北高原、东南沿海以及内陆高山，都具有丰富的风能资源可作为能源开发利用。

风对农业也会产生消极作用。它能传播病原体，蔓延植物病害。高空风是黏虫、稻飞虱、稻纵卷叶螟、飞蝗等害虫长距离迁飞的气象条件。大风使叶片机械擦伤、作物倒伏、树木断折、落花落果而影响产量。大风还造成土壤风蚀、沙丘移动，而毁坏农田。在干旱地区盲目垦荒，风将导致土地沙漠化。牧区的大风和暴风雪可吹散畜群，加重冻害。地方性风的某些特殊性质，也常造成风害。由海上吹来含盐分较多的海潮风，高温低温的焚风和干热风，都严重影响果树的开花、坐果和谷类作物的灌浆。防御风害，多采用培育矮化、抗倒伏、耐摩擦的抗风品种。营造防风林，设置风障等更是有效的防风方法。

风　　能

空气流动所形成的动能称为风能。风能是太阳能的一种转化形式。太阳的辐射造成地球表面受热不均，引起大气层中压力分布不均，空气沿

水平方向运动即形成风。风的形成乃是空气流动的结果。风能的形成主要是将大气运动时所具有的动能转化为其他形式的能。

在赤道和低纬度地区，太阳高度角大，日照时间长，太阳辐射强度强，地面和大气接受的热量多、温度较高；在高纬度地区，太阳高度角小，日照时间短，地面和大气接受的热量小，温度低。这种高纬度与低纬度之间的温度差异，形成了南北之间的气压梯度，使空气作水平运动，风应沿水平气压梯度方向吹，即垂直与等压线从高压向低压吹。地球在自转，使空气水平运动发生偏向的力，称为地转偏向力，这种力使北半球气流向右偏转，南半球向右偏转，所以地球大气运动除受气压梯度力外，还要受地转偏向力的影响。大气真实运动是这两个力综合影响的结果。

实际上，地面风不仅受这两个力的支配，而且在很大程度上受海洋、地形的影响。山隘和海峡能改变气流运动的方向，还能使风速增大，而丘陵、山地因摩擦大使风速减少，孤立山峰却因海拔高使风速增大。因此，风向和风速的时空分布较为复杂。

再有，海陆差异对气流运动的影响：在冬季，大陆比海洋冷，大陆气压比海洋高，风从大陆吹向海洋；夏季相反，大陆比海洋热，风从海洋吹向内陆。这种随季节转换的风，我们称为季风。

所谓的海陆风，也是白昼时大陆上的气流受热膨胀上升至高空流向海洋，到海洋上空冷却下沉，在近地层海洋上的气流吹向大陆，补偿大陆的上升气流，低层风从海洋吹向大陆称为海风；夜间（冬季），情况相反，低层风从大陆吹向海洋，称为陆风。在山区由于热力原因引起的白天由谷地吹向平原或山坡，夜间由平原或山坡吹向谷地，前者称谷风，后者称山风。这是由于白天山坡受热快，山坡温度高于山谷上方同高度的空气温度，坡地上的暖空气从山坡流向谷地上方，谷地的空气则沿着山坡向上补充流失的空气，这时由山谷吹向山

坡的风，称为谷风。夜间，山坡因辐射冷却，其降温速度比同高度的空气较快，冷空气沿坡地向下流入山谷，称为山风。

当太阳辐射能穿越地球大气层时，大气层约吸收 2×10^{16} 瓦的能量，其中一小部分转变成空气的动能。因为热带比极带吸收较多的太阳辐射能，产生大气压力差导致空气流动而产生"风"。至于局部地区，例如，在高山和深谷，在白天，高山顶上空气受到阳光加热而上升，深谷中冷空气取而代之，因此，风由深谷吹向高山；夜晚，高山上空气散热较快，于是风由高山吹向深谷。另一例子，如在沿海地区，白天由于陆地与海洋的温度差，而形成海风吹向陆地；反之，晚上陆风吹向海上。

云

云是什么

漂浮在天空中的云彩是由许多细小的水滴或冰晶组成的，有的是由小水滴或小冰晶混合在一起组成的。有时也包含一些较大的雨滴及冰、雪粒，云的底部不接触地面，并有一定厚度。

云主要是由水汽凝固造成的。

从地面向上十几千米这层大气中，越靠近地面，温度越高，空气也越稠密；越往高空，温度越低，空气也越稀薄。

另一方面，江河湖海的水面，以及土壤和动、植物的水分，随时蒸发到空中变成水汽。水汽进入大气后，成云致雨，或凝聚为霜露，然后又返回地面，渗入土壤或流入江河湖海。以后又再蒸发（汽化），再凝结（凝华）下降。周而复始，循环不已。

水汽从蒸发表面进入低层大气后，这里的温度高，所容纳的水汽较多，如果这些湿热的空气被抬升，温度就会逐渐降低，到了一定高度，空气中的水汽就会达到饱和。如果空气继续被抬升，就会有多余的水汽析出。如果那里的温度高于0℃，则多余的水汽就凝结成小水滴；如果温度低于0℃，则多余的水汽就凝化为小冰晶。在这些小水滴和小冰晶逐渐增多并达到人眼能辨认的程度时，就是云了。

不同类别的云

按照云的成因分类

云形成于潮湿空气上升并遇冷时的区域。主要分为：

锋面云：锋面上暖气团抬升成云。

地形云：当空气沿着正地形上升时。

平流云：当气流团经过一个较冷的下垫面时，例如一个冷的水杯。

对流云：因为空气对流运动而产生的云。

气旋云：因为气旋中心气流上升而产生的云。

按照云的形态分类

简单来说，云主要有三种形态：一大团的积云、一大片的层云和纤维状的卷云。

科学上，云的分类最早是由法国博物学家尚·拉马克（Jean Lamarck）于1801年提出的。1929年，国际气象组织以英国科学家路克·何华特（Luke Howard）于1803年制订的分类法为基础，按云的形状、组成、形成原因等把云分为十大云属。而这十大云属则可按其云底高度把它们划入三个云族：高云族、中云族、低云族。另一种分法则将积云与积雨云从低云族中分出，称为直展云族。这里使用的云底高度仅适用于中纬度地区。

探秘高云一族

高云形成于6000米以上高空，对流层较冷的部分。分三属，都是卷云类的。在这高度的水都会凝固结晶，所以这族的云都是由冰晶体所组成的。高云一般呈纤维状，薄薄的并多数会透明。

1. 卷云

具有丝缕状结构，柔丝般光泽，分离散乱的云。云体通常白色无暗影，呈丝条状、羽毛状、马尾状、钩状、团簇状、片状、砧状等。卷云见晕的机会比较少，即使出现，晕也不完整。我国北方和西部高原地区，冬季卷云有时会下零星的雪。日出之前，日落以后，在阳光反射下，卷云常呈鲜明的黄色或橙色。我国北方和西部高原地区严寒季节，有时会遇见一种高度不高的云，外形似层积云，但却具有丝缕结构、柔丝般光泽的特征，有时还有晕，此应记为卷云。如无卷云特征，则应记为层积云。

卷云又分成4类。

（1）毛卷云：纤细分散的云，呈丝条、羽毛、马尾状。有时即使聚合成较长并具一定宽度的丝条，但整个丝缕结构和柔丝般的光泽仍十分明显。

（2）密卷云：较厚的、成片的卷云，中部有时有暗影，但边缘部分卷云的特征仍很明显。

（3）钩卷云：形状好像逗点符号，云丝向上的一头有小簇或小钩。

（4）伪卷云：由鬃积雨云顶部脱离母体而成。云体较大而厚密，有时似砧状。

2. 卷层云

白色透明的云幕，日、月透过云幕时轮廓分明，地物有影，常有晕环。有时云的组织薄得几乎看不出来，只使天空呈乳白色；有时丝缕结构隐约可辨，好像乱丝一般。我国北方和西部高原地区，冬季卷层云可有少量降雪。

厚的卷层云易与薄的高层云相混。如日月轮廓分明，地物有影或有晕，或有丝缕结构为卷层云；如只辨日、月位置，地物无影，也无晕，为高层云。

卷层云又可分成2类。

（1）薄幕卷层云：均匀的云幕，有时薄得几乎看不见，只因有晕，才证明其存在；云幕较厚时，也看不出什么明显的结构，只是日月轮廓仍清楚可见，有晕，地物有影。

（2）毛卷层云：白色丝缕结构明显，云体厚薄不很均匀的卷层云。

3. 卷积云

似鳞片或球状细小云块组成的云片或云层，常排列成行或成群，很像轻风吹过水面所引起的小波纹。白色无暗影，有柔丝般光泽。卷积云可由卷云、卷层云演变而成。有时高积云也可演变为卷积云。整层高积云的边缘，有时有小的高积云块，形态和卷积云颇相似，但不要误认为卷积云。只有符合下列条件中的一个或以上的，才能算做卷积云：

（1）和卷云或卷层云之间有明显的联系。

（2）从卷云或卷层云演变而成。

（3）确有卷云的柔丝泽和丝缕状特点。

探秘中云一族

中云于2500～6000米的高空形成。它们由过度冷冻的小水点组成。

1. 高层云

带有条纹或纤缕结构的云幕，有时较均匀，颜色灰白或灰色，有时微带蓝色。云层较薄部分，可以看到昏暗不清的日月轮廓，看去好像隔了一层毛玻璃。厚的高层云，则底部比较阴暗，看不到日月。由于云层厚度不一，各部分明暗程度也就不同，但是云底没有显著的起伏。高层云可降连续或间歇性的雨、雪。

若有少数雨（雪）幡下垂时，云底的条纹结构仍可分辨。高层云常由卷层云变厚或雨层云变薄而成。有时也可由蔽光高积云演变而成。在我国南方有时积雨云上部或中部延展，也能形成高层云，但持续时间不长。

高层云又可分成2类：

（1）透光高层云。较薄而均匀的云层，呈灰白色。透过云层，日月轮廓模糊，好像隔了一层毛玻璃，地面物体没有影子。

（2）蔽光高层云。云层较厚，且厚度变化较大。厚的部分隔着云层看不见日月；薄的部分比较明亮，还可以看出纤缕结构。呈灰色，有时微带蓝色。

2. 高积云

高积云的云块较小，轮廓分明，常呈扁圆形、瓦块状、鱼鳞片，或是水波状的密集云条。成群、成行、成波状排列。大多数云块的视宽度角在1°~5°。有时可出现在两个或几个高度上。薄的云块呈白色，厚的云块呈暗灰色。在薄的高积云上，常有环绕日月的虹彩，或颜色为外红内蓝的华环。高积云都可与高层云、层积云、卷积云相互演变。

高积云又可分成6类：

（1）透光高积云。云块的颜色从洁白到深灰都有，厚度变化也大，就是同一云层，各部分也可能有些差别。云层中个体明显，一般排列相当规则，但是各部分透明度是不同的。云缝中可见青天，即使没有云缝，云层薄的部分，也比较明亮。

（2）蔽光高积云。连续的高积云层，至少大部分云层都没有什么间隙，云块深暗而不规则。因为云层的厚度厚，个体密集，几乎完全不透光，但是云底云块个体依然可以分辨得出。

（3）荚状高积云。高积云分散在天空，成椭圆形或豆荚状，轮廓分明，云块不断地变化着。

（4）积云性高积云。这种高积云由积雨云、浓积云延展而成。在初生成的阶段，类似蔽光高积云。

（5）絮状高积云。类似小块积云的团簇，没有底边，个体破碎如棉絮团，多呈白色。

（6）堡状高积云。垂直发展的积云形的云块，远看并列在一线上，有一共同的水平底边，顶部凸起明显，好像城堡。云块比堡状层积云小。

探秘低云一族

低云族包括层积云、层云、雨层云、积云、积雨云五属（类），其中层积云、层云、雨层云由水滴组成，云底高度通常在2500米以下。大部分低云都可能下雨，雨层云还常有连续性雨、雪。而积云、积雨云由水滴、过冷水滴、冰

晶混合组成，云底高度一般也常在 2500 米以下，但云顶很高。积雨云多下雷阵雨，有时伴有狂风、冰雹。

1. 层积云

团块、薄片或条形云组成的云群或云层，常成行、成群或波状排列。云块个体都相当大，其视宽度角多数大于 5°（相当于一臂距离处三指的视宽度）。云层有时满布全天，有时分布稀疏，常呈灰色、灰白色，常有若干部分比较阴暗。层积云有时可降雨、雪，通常量较小。层积云除直接生成外，也可由高积云、层云、雨层云演变而来，或由积云、积雨云扩展或平衍而成。

层积云又可分成 5 类：

（1）透光层积云。云层厚度变化很大，云块之间有明显的缝隙；即使无缝隙，大部分云块边缘也比较明亮。

（2）蔽光层积云。阴暗的大条形云轴或团块组成的连续云层，无缝隙，云层底部有明显的起伏。有时不一定满布全天。

（3）积云性层积云。由积云、积雨云因上面有稳定气层而扩展或云顶下塌平衍而成的层积云。多呈灰色条状，顶部常有积云特征。在傍晚，积云性层积云有时也可以不经过积云阶段直接形成。

（4）堡状层积云。垂直发展的积云形的云块，并列在一线上，有一个共同的底边，顶部凸起明显，远处看去好像城堡。

（5）荚状层积云。中间厚、边缘薄，形似豆荚、梭子状的云条。个体分明，分离散处。

2. 层云

低而均匀的云层，像雾，但不接地，呈灰色或灰白色。层云除直接生成外，也可由雾层缓慢抬升或由层积云演变而来。可降毛毛雨或米雪。层云又可分成 2 类：

（1）层云。低而均匀的云层，像雾，但不接地，呈灰色或灰白色。

（2）碎层云。不规则的松散碎片，形状多变，呈灰色或灰白色。由层云分裂或由雾抬升而成。山地的碎层云早晚也可直接生成。

3. 雨层云

厚而均匀的降水云层，完全遮蔽日月，呈暗灰色，布满全天，常有连续性降水。如因降水不及地在云底形成雨（雪）幡时，云底显得混乱，没有明确的界限。雨层云多数由高层云变成，有时也可由蔽光高积云、蔽光层积云演变而成。雨层云又可分成2类：

（1）雨层云。云体均匀成层，布满全天，完全遮蔽日、月，呈暗灰色，云底常伴有碎雨云，降连续性雨雪。

（2）碎雨云。低而破碎的云，灰色或暗灰色。不断滋生，形状多变，移动快。最初是各自孤立分离的，后来可渐并合。常出现在降水时或降水前后的降水云层之下。

探秘直展云一族

直展云有非常强的上升气流，所以它们可以一直从底部长到更高处。带有大量降雨和雷暴的积雨云就可以从接近地面的高度开始，然后一直发展到25 000米的高空。在积雨云的底部，当下降中较冷的空气与上升中较暖的空气相遇就会形成像一个个小袋的乳状云。薄薄的幞状云则会在积雨云膨胀时于其顶部形成。

1. 积云

垂直向上发展的、顶部呈圆弧形或圆拱形重叠凸起，而底部几乎是水平的云块。云体边界分明。如果积云和太阳处在相反的位置上，云的中部比隆起的边缘要明亮；反之，如果处在同一侧，云的中部显得黝黑但边缘带着鲜明的金黄色；如果光从旁边照映着积云，云体明暗就特别明显。积云是由气块上升、水汽凝结而成。积云又可分成3类：

（1）淡积云：扁平的积云，垂直发展不盛，水平宽度大于垂直厚度。在阳光下呈白色，厚的云块中部有淡影，晴天常见。

（2）碎积云：破碎的不规则的积云块（片），个体不大，形状多变。

（3）浓积云：浓厚的积云，顶部呈重叠的圆弧形凸起，很像花椰菜；垂直发展旺盛时，个体臃肿、高耸，在阳光下边缘白而明亮。有时可产生阵性降水。

2. 积雨云

云体浓厚庞大，垂直发展极盛，远看很像耸立的高山。云顶由冰晶组成，有白色毛丝般光泽的丝缕结构，常呈铁砧状或马鬃状。云底阴暗混乱，起伏明显，有时呈悬球状结构。积雨云常产生雷暴、阵雨（雪）或有雨（雪）幡下垂。有时产生飑或降冰雹。云底偶有龙卷产生。积雨云又可分成2类：

（1）秃积雨云。浓积云发展到鬃积雨云的过渡阶段，花椰菜形的轮廓渐渐变得模糊，顶部开始冻结，形成白色毛丝般的冰晶结构。秃积雨云存在的时间一般比较短。

（2）鬃积雨云。积雨云发展的成熟阶段，云顶有明显的白色毛丝般的冰晶结构，多呈马鬃状或砧状。

其　他

凝结尾迹是指当喷射飞机在高空划过时所形成的细长而稀薄的云。

夜光云非常罕见，它形成于大气层的中间层，只能在高纬度地区看到。

每一种云都有它的特殊性，但不是一成不变的。在一定条件下，这一种云可以转变为那一种云，那一种云又可以转变为另一种云。例如淡积云可以发展成浓积云，再发展成积雨云；积雨云顶部脱离成为伪卷云或积云性高积云；卷积云降低成高层云；而高层云降低又可变成雨层云。云状的判定，主要根据天空中云的外形特征、结构、色泽、排列、高度以及伴见的天气现象，经过认真细致地分析对比，判定是哪种云。判定云状要特别注意云的连续演变过程。

雪

下雪需要什么条件

水是地球上各种生灵存在的根本，水的变化和运动造就了我们今天的世界。在地球上，水是不断循环运动的，海洋和地面上的水受热蒸发到天空中，这些水汽又随着风运动到别的地方，当它们遇到冷空气，形成降水又重新回到地球表面。这种降水分为两种：一种是液态降水，这就是下雨；另一种是固态降水，这就是下雪或下冰雹等。大气里以固态形式落到地球表面上的降水，叫做大气固态降水。雪是大气固态降水中的一种最主要的形式。冬季，我国许多地区的降水，是以雪的形式出现的。气象上一般把雪按24小时内降水量分为4个等级：0.1～2.4毫米的雪称为小雪；2.5～4.9毫米的雪称为中雪；5.0～9.9毫米的雪称为大雪；10毫米以上（含10毫米）的雪称为暴雪。从降水量看，即使是暴雪的量级也仅仅相当于雨量中的中雨。粗略地估计，10毫米深的积雪仅能融化为1毫米的水。大气固态降水是多种多样的，除了雪花以外，还包括能造成很大危害的冰雹，还有我们不经常见到的雪霰和冰粒。由于天空中气象条件和生长环境的差异，造成了形形色色的大气固态降水。这些大气固态降水的叫法因地而异，因人而异，名目繁多，极不统一。为了方便起见，国际水文协会所属的国际雪冰委员会，在征求各国专家意见的基础上，于1949年召开了一个专门性的国际会议，会上通过了关于大气固态降水简明分类的提案。这个简明分类，把大气固态降水分为十种：雪片、星形雪花、柱状雪晶、针状雪晶、多枝状雪晶、轴状雪晶、不规则雪晶、霰、冰粒和雹。前面的七种统称为雪。为什么后面三种不能叫做雪呢？原来由气态的水汽变成固态的水有两个过程，一个是水汽先变成水，然后水再凝结成冰晶；还有一种是水汽不经过水，直接变成冰晶，这种过程叫做水的凝华。所以说雪是天空中的水汽经凝华而来的固态降水。在天空中运动的水汽怎样才能形成降雪呢？是不是温度低于0℃就可以了？不是的，水汽想要结晶，形成降雪必须具备两个条件：

一个条件是水汽饱和。空气在某一个温度下所能包含的最大水汽量，叫做饱和水汽量。空气达到饱和时的温度，叫做露点。饱和的空气冷却到露点以下的温度时，空气里就有多余的水汽变成水滴或冰晶。因为冰面饱和水汽含量比水面要低，所以冰晶生长所要求的水汽饱和程度比水滴要低。也就是说，水滴必须在相对湿度（相对湿度是指空气中的实际水汽压与同温度下空气的饱和水汽压的比值）不小于100%时才能增长；而冰晶呢，往往相对湿度不足100%时也能增长。例如，空气温度为-20℃时，相对湿度只有80%，冰晶就能增长了。气温越低，冰晶增长所需要的湿度越小。因此，在高空低温环境里，冰晶比水滴更容易产生。

另一个条件是空气里必须有凝结核。有人做过试验，如果没有凝结核，空气里的水汽，过饱和到相对湿度500%以上的程度，才有可能凝聚成水滴。但这样大的过饱和现象在自然大气里是不会存在的。所以没有凝结核的话，我们就很难能见到雨雪。凝结核是一些悬浮在空中的很微小的固体微粒。最理想的凝结核是那些吸收水分最强的物质微粒。比如说海盐、硫酸、氮和其他一些化学物质的微粒。所以我们有时才会见到天空中有云，却不见降雪，在这种情况下人们往往采用人工降雪。

雪都是从天空中降落下来的，怎么会有不是在天空里凝结的雪花呢？

1779年冬天，俄国圣彼得堡的一家报纸，报道了一件十分有趣的新闻。这则新闻说，在一个舞会上，由于人多，又有成千上万支蜡烛的燃烧，使得舞厅里又热又闷，那些身体欠佳的夫人、小姐们几乎要在欢乐之神面前昏倒了。这时，有一个年轻男子跳上窗台，一拳打破了玻璃。于是，舞厅里意想不到地出现了奇迹，一朵朵美丽的雪花随着窗外寒冷的气流在大厅里翩翩起舞，飘落在闷热得发昏的人们的头发上和手上。有人好奇地冲出舞厅，想看看外面是不是下雪了。令人惊奇的是天空星光灿烂，新月银光如水。

　　那么，大厅里的雪花是从哪儿飞来的呢？这真是一个使人百思不解的问题。莫非有人在变魔术？可是再高明的魔术师，也不可能在大厅里变出雪花来。

　　后来，科学家才解开了这个迷。原来，舞厅里由于许多人的呼吸饱含了大量水汽，蜡烛的燃烧，又散布了很多凝结核。当窗外的冷空气破窗而入的时候，迫使大厅里的饱和水汽立即凝华结晶，变成雪花了。因此，只要具备下雪的条件，屋子里也是会下雪的。

多姿多彩的雪花

　　下雪时的景致美不胜收，但科学家和工艺美术师赞叹的还是小巧玲珑的雪花图案。远在一百多年前，冰川学家们已经开始详细描述雪花的形态了。

　　西方冰川学的鼻祖丁铎耳在他的古典冰川学著作里，这样描述他在罗扎峰上看到的雪花："这些雪花……全是由小冰花组成的，每一朵小冰花都有六片花瓣，有些花瓣象山苏花一样放出美丽的小侧舌，有些是圆形的，有些又是箭形的，或是锯齿形的，有些是完整的，有些又呈格状，但都没有超出六瓣型的范围。"

　　在中国，早在公元前一百多年的西汉文帝时代，有位名叫韩婴的诗人，写了一本《韩诗外传》，在书中明确指出："凡草木花多五出，雪花独六出。"

　　雪花的基本形状是六角形，但是大自然中却几乎找不出两朵完全相同的雪花，就像地球上找不出两个完全相同的人一样。许多学者用显微镜观测过成千上万朵雪花，这些研究最后表明，形状、大小完全一样和各部分完全对称的雪花，在自然界中是无法形成的。

在已经被人们观测过的这些雪花中,再规则匀称的雪花,也有畸形的地方。为什么雪花会有畸形呢?因为雪花周围大气里的水汽含量不可能左右上下四面八方都是一样的,只要稍有差异,水汽含量多的一面总是要增长得快一些。

世界上有不少雪花图案搜集者,他们像集邮爱好者一样收集了各种各样的雪花照片。有个名叫缤特莱的美国人,花了毕生精力拍摄了近六千张照片。苏联的摄影爱好者西格尚,也是一位雪花照片的摄影家,他的令人销魂的作品经常被工艺美术师用来作为结构图案的模型。日本人中谷宇吉郎和他的同事们,在日本北海道大学实验室的冷房间里,在日本北方雪原上的帐篷里,含辛茹苦二十年,拍摄和研究了成千上万朵雪花。

但是,尽管雪花的形状千姿百态,却万变不离其宗,所以科学家们才有可能把它们归纳为前面讲过的七种形状。在这七种形状中,六角形雪片和六棱柱状雪晶是雪花的最基本形态,其他五种不过是这两种基本形态的发展、变形或组合。

雨

雨是从云中降落的水滴,陆地和海洋表面的水蒸发变成水蒸气,水蒸气上升到一定高度后遇冷变成小水滴,这些小水滴组成了云,它们在云里互相碰撞,合并成大水滴,当它大到空气托不住的时候,就从云中落了下来,形成了雨。雨的成因多种多样,它的表现形态也各具特色,有毛毛细雨,有连绵不断的阴雨,还有倾盆而下的阵雨。雨水是人类生活中最重要的淡水资源,植物也要靠雨露的滋润而茁壮成长。但暴雨造成的洪水也会给人类带来巨大的灾难。

地球上的水受到太阳光的照射后，就变成水蒸气被蒸发到空气中去了。水汽在高空遇到冷空气便凝聚成小水滴。这些小水滴都很小，直径只有 0.01 ~ 0.02 毫米，最大也只有 0.2 毫米。它们又小又轻，被空气中的上升气流托在空中。就是这些小水滴在空中聚成了云。这些小水滴要变成雨滴降到地面，它的体积大约要增大一百多万倍。这些小水滴是怎样使自己的体积增长到一百多万倍的呢？它主要依靠两个手段，其一是凝结和凝华增大，其二是依靠云滴的碰并增大。在雨滴形成的初期，云滴主要依靠不断吸收云体四周的水汽来使自己凝结和凝华。如果云体内的水汽能源源不断得到供应和补充，使云滴表面经常处于过饱和状态，那么，这种凝结过程将会继续下去，使云滴不断增大，成为雨滴。但有时云内的水汽含量有限，在同一块云里，水汽往往供不应求，这样就不可能使每个云滴都增大为较大的雨滴，有些较小的云滴只好归并到较大的云滴中去。如果云内出现水滴和冰晶共存的情况，那么，这种凝结和凝华增大过程将大大加快。当云中的云滴增大到一定程度时，由于大云滴的体积和重量不断增加，它们在下降过程中不仅能赶上那些速度较慢的小云滴，而且还会"吞并"更多的小云滴而使自己壮大起来。当大云滴越长越大，最后大到空气再也托不住它时，便从云中直落到地面，成为我们常见的雨水。

雨的种类很多，除了酸雨，有颜色的雨外，还有许多有趣的雨，比如蛙雨、铁雨、金雨，甚至钱雨。它们都是龙卷风的杰作。

雨的分类首先要看以什么为标准进行划分的。

1. 按照降水的成因分类

对流雨、锋面雨、地形雨、台风雨（气旋雨）。

2. 按照降水量的大小分类

小雨、中雨、大雨、暴雨。

3. 按照降水形式分类

降雨、冰雹……

雨量等级划分标准是：日降水量 0~10 毫米为小雨；10~25 毫米为中雨；25~50 毫米为大雨；50~100 毫米为暴雨；100~200 毫米为大暴雨；大于 200 毫米的为特大暴雨。

霜

在寒冷季节的清晨，草叶上、土块上常常会覆盖着一层霜的结晶。它们在初升起的阳光照耀下闪闪发光，待太阳升高后就融化了。人们常常把这种现象叫"下霜"。翻翻日历，每年 10 月下旬，总有"霜降"这个节气。我们看到过降雪，也看到过降雨，可是谁也没有看到过降霜。其实，霜不是从天空降下来的，而是在近地面层的空气里形成的。

霜是一种白色的冰晶，多形成于夜间。少数情况下，在日落以前太阳斜照的时候也能开始形成。通常，日出后不久，霜就融化了。但是在天气严寒的时候或者在背阴的地方，霜也能终日不消。

霜本身对植物既没有害处，也没有益处。通常人们所说的"霜害"，实际上是在形成霜的同时产生的"冻害"。

霜的形成不仅和当时的天气条件有关，而且与所附着的物体的属性也有关。当物体表面的温度很低，而物体表面附近的空气温度却比较高，那么在空气和物体表面之间有一个温度差，如果物体表面与空气之间的温度差主要是由物体表面辐射冷却造成的，则在较暖的空气和较冷的物体表面相接触时空气就会冷却，达到水汽过饱和的时候多余的水汽就会析出。如果温度在 0℃ 以下，则多余的水汽就在物体表面上凝华为冰晶，这就是霜。因此霜总是在有利于物体表

面辐射冷却的天气条件下形成。

另外，云对地面物体夜间的辐射冷却是有妨碍的，天空有云不利于霜的形成，因此，霜大都出现在晴朗的夜晚，也就是地面辐射冷却强烈的时候。

此外，风对于霜的形成也有影响。有微风的时候，空气缓慢地流过冷物体表面，不断地供应着水汽，有利于霜的形成。但是，风大的时候，由于空气流动得很快，接触冷物体表面的时间太短，同时风大的时候，上下层的空气容易互相混合，不利于温度降低，从而也会妨碍霜的形成。大致说来，当风速达到3级或3级以上时，霜就不容易形成了。

因此，霜一般形成在寒冷季节里晴朗、微风或无风的夜晚。

霜的形成，不仅和上述天气条件有关，而且和地面物体的属性有关。霜是在辐射冷却的物体表面上形成的，所以物体表面越容易辐射散热并迅速冷却，在它上面就越容易形成霜。同类物体，在同样条件下，假如质量相同，其内部含有的热量也就相同。如果夜间它们同时辐射散热，那么，在同一时间内表面积较大的物体散热较多，冷却得较快，在它上面就更容易有霜形成。这就是说，一种物体，如果与其质量相比，表面积相对大的，那么在它上面就容易形成霜。草叶很轻，表面积却较大，所以草叶上就容易形成霜。另外，物体表面粗糙的，要比表面光滑的更有利于辐射散热，所以在表面粗糙的物体上更容易形成霜，如土块。

霜的消失有两种方式：一是升华为水蒸气，一是融化成水。最常见的是日出以后因温度升高而融化消失。霜所融化的水，对农作物有一定好处。

霜的出现，说明当地夜间天气晴朗并寒冷，大气稳定，地面辐射降温强烈。这种情况一般出现于有冷气团控制的时候，所以往往会维持几天好天气。我国民间有"霜重见晴天"的谚语，道理就在这里。

雾

什么是雾

雾有三种定义：

（1）大气中因悬浮的水汽凝结，能见度低于 1 千米时，气象学称这种天气现象为雾。

（2）雾是接近地面的云。

（3）雾是由悬浮在大气中微小液滴构成的气溶胶。（《环境监测》中的描述）

当空气容纳的水汽达到最大限度时，就达到了饱和。而气温愈高，空气中所能容纳的水汽也愈多。1 立方米的空气，气温在 4℃时，最多能容纳的水汽量是 6.36 克；而气温是 20℃时，1 立方米的空气中最多可以含水汽量是 17.30 克。如果空气中所含的水汽多于一定温度条件下的饱和水汽量，多余的水汽就会凝结出来，当足够多的水分子与空气中微小的灰尘颗粒结合在一起，同时水分子本身也会相互黏结，就变成小水滴或冰晶。空气中的水汽超过饱和量，凝结成水滴，这主要是气温降低造成的。这也是秋冬早晨多雾的原因。

如果地面热量散失，温度下降，空气又相当潮湿，那么当它冷却到一定的程度时，空气中一部分水汽就会凝结出来，变成很多小水滴，悬浮在近地面的空气层里，就形成了雾。它和云都是由于温度下降而造成的，雾实际上也可以说是靠近地面的云。

白天温度比较高，空气中可容纳较多的水汽。但是到了夜间，温度下降了，空气容纳水汽的能力减小了，因此，一部分水汽会凝结成为雾。特别在秋冬季节，由于夜长，而且出现无云风小的机会较多，地面散热较夏天更迅速，以致使地面温度急剧下降，这样就使得近地面空气中的水汽，容易在后半夜到早晨达到饱和而凝结成小水珠，形成雾。秋冬的清晨气温最低，便是雾最浓的时刻。

雾的形成条件

雾形成的条件：一是冷却，二是加湿，三是有凝结核。增加水汽含量，便容易形成雾。这是由辐射冷却形成的，多出现在晴朗、微风、近地面水汽比较充沛且比较稳定或有逆温存在的夜间和清晨，气象上叫辐射雾；另一种是暖而湿的空气作水平运动，经过寒冷的地面或水面，逐渐冷却而形成的雾，气象上叫平流雾；有时兼有两种原因形成的雾叫混合雾。可以看出，具备这些条件的就是深秋初冬，尤其是深秋初冬的早晨。

我们还可以看到一种蒸发雾。即冷空气流经温暖水面，如果气温与水温相差很大，则因水面蒸发大量水汽，在水面附近的冷空气便发生水汽凝结成雾。这时雾层上往往有逆温层存在，否则对流会使雾消散。所以蒸发雾范围小，强度弱，一般发生在下半年的水塘周围。

雾消散的原因，一是由于下垫面的增温，雾滴蒸发；二是风速增大，将雾吹散或抬升成云；再有就是湍流混合，水汽上传，热量下递，近地层雾滴蒸发。

雾持续时间的长短，主要和当地气候干湿有关：一般来说，干旱地区多短雾，多在1小时以内消散，潮湿地区则以长雾最多见，可持续6小时左右。

此外，要形成雾还不能有风。不然，空气中的小水珠被风吹散，雾也聚不起来。

雾的种类有哪些

（1）辐射雾：在日落后地面的热气辐射至天空里，冷却后的地面冷凝了附近的空气。而潮湿的空气便会因此降至露点以下，并形成无数悬浮于空气里的小水点，这便是辐射雾。它主要在秋天或冬天的清晨，天晴且风弱时出现，在日出后不久或风速加快后便会自然消散。多出现在晴朗、微风、近地面水汽比较充沛且比较稳定或有逆温存在的夜间和清晨。

（2）平流雾：暖而湿的空气作水平运动，经过寒冷的地面或水面，逐渐冷却而形成的雾，气象上叫平流雾。

（3）蒸发雾：即冷空气流经温暖水面，如果气温与水温相差很大，则因水面蒸发大量水汽，在水面附近的冷空气便发生水汽凝结成雾。这时雾层上往往有逆温层存在，否则对流会使雾消散。所以蒸发雾范围小，强度弱，一般发生在秋冬季的水塘周围。

（4）上坡雾：这是潮湿空气沿着山坡上升，绝热冷却使空气达到过饱和而产生的雾。这种潮湿空气必须稳定，山坡坡度必须较小，否则形成对流，雾就难以形成。

（5）锋面雾：经常发生在冷、暖空气交界的锋面附近。锋前锋后均有，但

以暖锋附近居多。锋前雾是由于锋面上面暖空气云层中的雨滴落入地面冷空气内，经蒸发，使空气达到过饱和而凝结形成；而锋后雾，则由暖湿空气移至原来被暖锋前冷空气占据过的地区，经冷却达到过饱和而形成的。因为锋面附近的雾常跟随着锋面一道移动，军事上就常常利用这种锋面雾来掩护部队，向敌人进行突然袭击。

（6）混合雾：有时兼以上有两种原因形成的雾叫混合雾。

（7）烟雾：通常所说的烟雾是烟和雾同时构成的固、液混合态气溶胶，如硫酸烟雾、光化学烟雾等。城市中的烟雾是另一种原因所造成的，那就是人类的活动。早晨和晚上正是供暖锅炉的高峰期，大量排放的烟尘悬浮物和汽车尾气等污染物在低气压、风小的条件下，不易扩散，与低层空气中的水汽相结合，比较容易形成烟尘（雾），而这种烟尘（雾）持续时间往往较长。

（8）谷雾：这个通常发生在冬天的山谷里。当较重的冷空气移至山谷里，暖空气同时亦在山顶经过时产生了温度逆增现象，结果生成了谷雾，而且可以持续数天。

（9）冰雾：当任何类型的雾气里的水点被冷凝为冰片时便会生成冰雾。通常需要温度低于凝点时亦会生成，所以常见于南北极。

冰　雹

冰雹是什么

冰雹，也叫"雹"，俗称雹子，有的地区叫"冷子"，夏季或春夏之交最为常见，它是一些小如绿豆、黄豆，大似栗子、鸡蛋的冰粒，特大的冰雹比柚子还大。我国除广东、湖南、湖北、福建、江西等省冰雹较少外，各地每年都会受到不同程度的雹灾。尤其是北方的山区及丘陵地区，地形复杂，天气多变，冰雹多，受害重，对农业危害很大，猛烈的冰雹打毁庄稼，损坏房屋，人被砸伤、牲畜被砸死的情况也常常发生。因此，雹灾是我国的严重灾害之一。

冰雹是一种固态降水物，系圆球形或圆锥形的冰块，由透明层和不透明层相间组成。直径一般为5～50毫米，大的有时可达10厘米以上，又称雹或雹块。冰雹常砸坏庄稼，威胁人畜安全，是一种严重的自然灾害。很多雹灾严重的国家已进行了人工防雹试验。

雹块越大，破坏力就越大。冰雹降自对流特别旺盛的积雨云中，云中的上升气流比一般雷雨云强。小冰雹是在对流云内由雹胚上下数次和过冷水滴碰并而增长起来的，当云中的上升气流支托不住时就下降到地面。大冰雹是在具有一支很强的斜升气流、液态水的含量很充沛的雷暴云中产生的。每次降雹的范围都很小，一般宽度为几米到几千米，长度为20～30千米，所以民间有"雹打一条线"的说法。

冰雹主要发生在中纬度大陆地区，通常山区多于平原，内陆多于沿海。中国的降雹多发生在春、夏、秋3季，4～7月约占发生总数的70%。比较严重的雹灾区有甘肃南部、陇东地区、阴山山脉、太行山区和川滇两省的西部地区。

冰雹如何形成

冰雹和雨、雪一样都是从云里落下来的。不过下冰雹的云是一种发展十分强盛的积雨云，而且只有发展特别旺盛的积雨云才可能降冰雹。

积雨云和其他的云一样，都是由地面附近空气上升凝结形成的。空气从地面上升，在上升过程中气压降低，体积膨胀，如果上升空气与周围没有热量交换，由于膨胀消耗能量，空气温度就要降低，这种温度变化称为绝热冷却。根

据计算，在大气中空气每上升100米，因绝热变化会使温度降低1℃左右。我们知道在一定温度下，空气中容纳水汽有一个限度，达到这个限度就称为"饱和"，温度降低后，空气中可能容纳的水汽量就要降低。因此，原来没有饱和的空气在上升运动中由于绝热冷却可能达到饱和，空气达到饱和之后过剩的水汽便附着在飘浮于空中的凝结核上，形成水滴。当温度低于0℃时，过剩的水汽便会凝华成细小的冰晶。这些水滴和冰晶聚集在一起，飘浮于空中便成了云。

大气中有各种不同形式的空气运动，形成了不同形态的云。因对流运动而形成的云有淡积云、浓积云和积雨云等。人们把它们统称为积状云。它们都是一块块孤立向上发展的云块，因为在对流运动中有上升运动和下沉运动，往往在上升气流区形成了云块，而在下沉气流区就成了云的间隙，有时可见蓝天。

积状云因对流强弱不同而形成各种不同云状，它们的云体大小悬殊很大。如果云内对流运动很弱，上升气流达不到凝结高度，就不会形成云，只有干对流。如果对流较强，可以发展形成浓积云，浓积云的顶部像椰菜，由许多轮廓清晰的凸起云泡构成，云厚可达4~5千米。如果对流运动很猛烈，就可以形成积雨云，云底黑沉沉，云顶发展很高，可达10千米左右，云顶边缘变得模糊起来，云顶还常扩展开来，形成砧状。一般积雨云可能产生雷阵雨，而只有发展特别强盛的积雨云，云体十分高大，云中有强烈的上升气体，云内有充沛的水分，才会产生冰雹，这种云通常也称为冰雹云。

冰雹云是由水滴、冰晶和雪花组成的。一般为三层：最下面一层温度在0℃以上，由水滴组成；中间温度为-20~0℃，由过冷却水滴、冰晶和雪花组成；最上面一层温度在-20℃以下，基本上由冰晶和雪花组成。

在冰雹云中气流是很强盛的，通常在云的前进方向，有一股十分强大的上升气流从云底进入又从云的上部流出。还有一股下沉气流从云后方中层流入，从云底流出。这里也就是通常出现冰雹的降水区。这两股有组织上升与下沉气流与环境气流连通,所以一般强雹云中气流结构比较持续。强烈的上升气流不仅给雹云输送了充分的水汽,并且支撑冰雹粒子停留在云中,使它长到相当大才降落下来。

冰雹是从积雨云中降落下来的一种固态降水。冰雹的形成需要以下几个条件:

(1) 大气中必须有相当厚的不稳定层存在。

(2) 积雨云必须发展到能使个别大水滴冻结的高度(一般认为温度达 $-12 \sim -16℃$)。

(3) 要有强的风切变。

(4) 云的垂直厚度不能小于6~8千米。

(5) 积雨云内含水量丰富。一般为3~8克/米^3,在最大上升速度的上方有一个液态过冷却水的累积带。

(6) 云内应有倾斜的、强烈而不均匀的上升气流,一般在10~20米/秒以上。

在冰雹云中冰雹又是怎样长成的呢?

在冰雹云中强烈的上升气流携带着许多大大小小的水滴和冰晶运动着,其中有一些水滴和冰晶并合冻结成较大的冰粒,这些粒子和过冷水滴被上升气流输送到含水量累积区,就可以成为冰雹核心,这些冰雹初始生长的核心在含水量累积区有着良好的生长条件。雹核在上升气流携带下进入生长区后,在水量多、温度不太低的区域与过冷水滴碰并,长成一层透明的冰层,再向上进入水量较少的低温区,这里主要由冰晶、雪花和少量过冷水滴组成,雹核与它们黏并冻结就形成一个不透明的冰层。这时冰雹已长大,而那里的上升气流较弱,当它支托不住增长大了的冰雹时,冰雹便在上升气流里下落,在下落中不断地并合冰晶、雪花和水滴而继续生长,当它落到较高温度区时,碰并上去的过冷水滴便形成一个透明的冰层。这时如果落到另一股更强的上升气流区,那么冰雹又将再次上升,重复上述的生长过程。这样冰雹就一层透明一层不透明地增长;由于各次生长的时间、含水量和其他条件的差异,所以各层厚薄及其他特点也各有不同。最后,当上升气流支撑不住冰雹时,它就从云中落下来,成为我们所看到的冰雹了。

冰雹有哪些特征

总的说来，冰雹有以下几个特征：

（1）局地性强，每次冰雹的影响范围一般宽约几十米到数千米，长约数百米到十多千米。

（2）历时短，一次狂风暴雨或降雹时间一般只有 2～10 分钟，少数在 30 分钟以上。

（3）受地形影响显著，地形越复杂，冰雹越易发生。

（4）年际变化大，在同一地区，有的年份连续发生多次，有的年份发生次数很少，甚至不发生。

（5）发生区域广，从亚热带到温带的广大气候区内均可发生，但以温带地区发生次数居多。

冰雹的分类

根据一次降雹过程中，多数冰雹（一般冰雹）直径、降雹累计时间和积雹厚度，将冰雹分为 3 级。

（1）轻雹：多数冰雹直径不超过 0.5 厘米，累计降雹时间不超过 10 分钟，地面积雹厚度不超过 2 厘米。

（2）中雹：多数冰雹直径 0.5～2.0 厘米，累计降雹时间 10～30 分钟，地面积雹厚度 2～5 厘米。

（3）重雹：多数冰雹直径 2.0 厘米以上，累计降雹时间 30 分钟以上，地面积雹厚度 5 厘米以上。

冰雹造成的危害

冰雹灾害是由强对流天气系统引起的一种剧烈的气象灾害，它出现的范围虽然较小，时间也比较短促，但来势猛、强度大，并常常伴随着狂风、强降水、急剧降温等阵发性灾害性天气过程。中国是冰雹灾害频繁发生的国家，冰雹每年都给农业、建筑、通讯、电力、交通以及人民生命财产带来巨大损失。据统计，我国每年因冰雹所造成的经济损失达几亿甚至几十亿元。

许多人在雷暴天气中曾遭遇过冰雹，通常这些冰雹最大不会超过垒球大小，它们从暴风雨云层中落下。然而，有的时候冰雹的体积却很大，曾经有重达36千克的冰雹从天空中降落，当它们落在地面上会分裂成许多小块。最神秘的是天空无云层状态下巨大的冰雹从天垂直下落，曾有许多事件证实飞机机翼遭受冰雹袭击，目前，科学家仍无法解释为什么会出现如此巨大的冰雹。

闪 电

闪电是什么

　　气流在雷雨云中会因为水分子的摩擦和分解产生静电。这些电分两种：一种是带有正电荷粒子的正电，一种是带有负电荷粒子的负电。正负电荷会相互吸引，就像磁铁一样。正电荷在云的上端，负电荷在云的下端吸引地面上的正电荷。云和地面之间的空气都是绝缘体，会阻止两极电荷的电流通过。当雷雨云里的电荷和地面上的电荷变得足够强时，两部分的电荷会冲破空气的阻碍相接触形成强大的电流，正电荷与负电荷就此相接触。当这些异性电荷相遇时便会产生中和作用（放电）。激烈的电荷中和作用会放出大量的光和热，这些放出的光就形成了闪电。大多数的闪电都是接连两次的。第一次叫前导闪接，是一股看不见的空气，一直下到接近地面的地方。这一股带电的空气就像一条电线，为第二次电流建立一条导路。在前导接近地面的一刹那，一道回接电流就沿着这条导路跳上来，这次回接产生的闪光就是我们通常所能看到的闪电了。

形成闪电的过程

如果我们在两根电极之间加很高的电压,并把它们慢慢地靠近,当两根电极靠近到一定的距离时,在它们之间就会出现电火花,这就是所谓"弧光放电"现象。雷雨云所产生的闪电,与上面所说的弧光放电非常相似,只不过闪电转瞬即逝,而电极之间的火花却可以长时间存在。因为在两根电极之间的高电压可以人为地维持很久,而雷雨云中的电荷经放电后很难马上补充。当聚集的电荷达到一定的数量时,在云内不同部位之间或者云与地面之间就形成了很强的电场。电场强度平均可以达到几千伏特每厘米,局部区域可以高达 1 万伏特/厘米。这么强的电场,足以把云内外的大气层击穿,于是在云与地面之间或者在云的不同部位之间以及不同云块之间激发出耀眼的闪光。这就是人们常说的闪电。肉眼看到的一次闪电,其过程是很复杂的。当雷雨云移到某处时,云的中下部是强大负电荷中心,云底相对的下垫面变成正电荷中心,在云底与地面间形成强大电场。在电荷越积越多,电场越来越强的情况下,云底首先出现大气被强烈电离的一段气柱,称梯级先导。这种电离气柱逐级向地面延伸,每级梯级先导是直径约 5 米、长 50 米、电流约 100 安培的暗淡光柱,它以平均约 150 千米/秒的高速度一级一级地伸向地面,在离地面 5~50 米时,地面便突然向上回击,回击的通道是从地面到云底,沿着上述梯级先导开辟出的电离通道。回击以 5 万千米/秒的速度从地面驰向云底,发出光亮无比的光柱,历时 40 微秒,通过电流超过 1 万安培,这即第一次闪击。相隔几秒之后,从云中一根暗淡光柱,携带巨大电流,沿第一次闪击的路径飞驰向地面,称直窜先导,当它离地面 5~50 米时,地面再向上回击,再

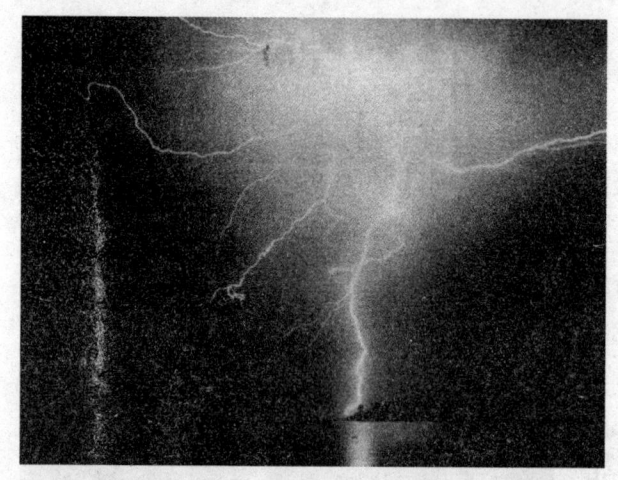

形成光亮无比光柱，这即第二次闪击。接着又类似第二次那样产生第三、第四次闪击。通常由3~4次闪击构成一次闪电过程。一次闪电过程历时约0.25秒，在此短时间内，狭窄的闪电通道上要释放巨大的电能，因而形成强烈的爆炸，产生冲击波，然后形成声波向四周传开，这就是雷声或称之为"打雷"。

闪电也有结构

被人们研究得比较详细的是线状闪电，我们就以它为例来讲述闪电的结构。闪电是大气中脉冲式的放电现象。一次闪电由多次放电脉冲组成，这些脉冲之间的间歇时间都很短，只有百分之几秒。脉冲一个接着一个，后面的脉冲就沿着第一个脉冲的通道行进。现在已经研究清楚，每一个放电脉冲都由一个"先导"和一个"回击"构成。第一个放电脉冲在爆发之前，有一个准备阶段——"阶梯先导"放电过程：在强电场的推动下，云中的自由电荷很快地向地面移动。在运动过程中，电子与空气分子发生碰撞，致使空气轻度电离并发出微光。第一次放电脉冲的先导是逐级向下传播的，像一条发光的舌头。开头，这光舌只有十几米长，经过千分之几秒甚至更短的时间，光舌便消失；然后就在这同一条通道上，又出现一条较长的光舌（约30米长），转瞬之间它又消失；接着再出现更长的光舌……光舌采取"蚕食"方式步步向地面逼近。经过多次放电—消失的过程之后，光舌终于到达地面。因为这第一个放电脉冲的先导是一个阶梯一个阶梯地从云中向地面传播的，所以叫做"阶梯先导"。在光舌行进的通道上，空气已被强烈地电离，它的导电能力大为增加。空气连续电离的过程只发生在一条很狭窄的通道中，所以电流强度很大。

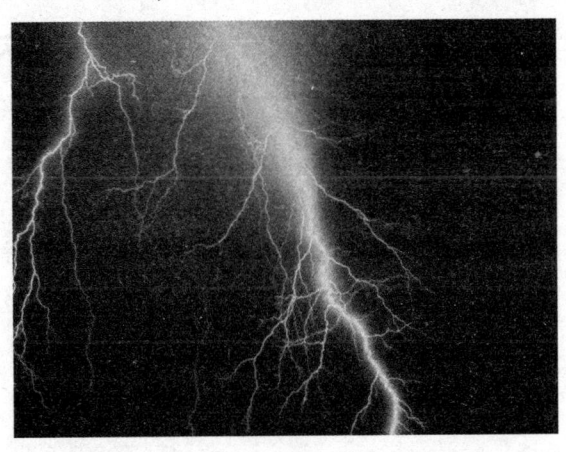

当第一个先导即阶梯先导到达地面后，立即从地面经过已经高度电离了的

空气通道向云中流去大量的电荷。这股电流是如此之强,以致空气通道被烧得白炽耀眼,出现一条弯弯曲曲的细长光柱。这个阶段叫做"回击"阶段,也叫"主放电"阶段。阶梯先导加上第一次回击,就构成了第一次脉冲放电的全过程,其持续时间只有0.01秒。

第一个脉冲放电过程结束之后,只隔一段极其短暂的时间(0.04秒),又发生第二次脉冲放电过程。第二个脉冲也是从先导开始,到回击结束。但由于经第一个脉冲放电后,"坚冰已经打破,航线已经开通",所以第二个脉冲的先导就不再逐级向下,而是从云中直接到达地面。这种先导叫做"直窜先导"。直窜先导到达地面后,约经过千分之几秒的时间,就发生第二次回击,而结束第二个脉冲放电过程。紧接着再发生第三个、第四个……直窜先导和回击,完成多次脉冲放电过程。由于每一次脉冲放电都要大量地消耗雷雨云中累积的电荷,因而以后的主放电过程就愈来愈弱,直到雷雨云中的电荷储备消耗殆尽,脉冲放电方能停止,从而结束一次闪电过程。

不同形状的闪电

线状闪电

线状闪电与其他闪电不同的地方是它有特别大的电流强度,平均可以达到几万安培,在少数情况下可达20万安培。这么大的电流强度,可以毁坏和摇动大树,有时还能伤人。当它接触到建筑物的时候,常常造成"雷击"而引起火灾。线状闪电多数是云对地的放电。

片状闪电

片状闪电也是一种比较常见的闪电形状。它看起来好像是在云面上有一片闪光。这种闪电可能是云后面看不见的火花放电的回光,或者是云内闪电被云滴遮挡而造成的漫射光,也可能是出现在云上部的一种丛集的或闪烁状的独立放电现象。

球状闪电

球状闪电虽说是一种十分罕见的闪电形状，却最引人注目。它像一团火球，有时还像一朵发光的盛开着的"绣球"菊花。它约有人头那么大，偶尔也有直径几米甚至几十米的。球状闪电有时候在空中慢慢地转悠，有时候又完全不动地悬在空中。它有时候发出白光，有时候又发出像流星一样的粉红色光。球状闪电"喜欢"钻洞，有时候，它可以从烟囱、窗户、门缝钻进屋内，在房子里转一圈后又溜走。球状闪电有时发出"咝咝"的声音，然后一声闷响而消失；有时又只发出微弱的"噼啪"声而不知不觉地消失。球状闪电消失以后，在空气中可能留下一些有臭味的气烟，有点像臭氧的味道。球状闪电的生命史不长，大约为几秒钟到几分钟。

带状闪电

带状闪电是由连续数次的放电组成，在各次闪电之间，闪电路径因受风的影响而发生移动，使得各次单独闪电互相靠近，形成一条带状。带的宽度约为10米。这种闪电如果击中房屋，会立即引起大面积燃烧。

联珠状闪电

联珠状闪电看起来好像一条在云幕上滑行或者穿出云层而投向地面的发光

点的连线，也像闪光的珍珠项链。有人认为联珠状闪电似乎是从线状闪电到球状闪电的过渡形式。联珠状闪电往往紧跟在线状闪电之后接踵而至，几乎没有时间间隔。

火箭状闪电

火箭状闪电比其他各种闪电放电慢得多，它需要1~1.5秒钟时间才能放电完毕。可以用肉眼很容易地跟踪观测它的活动。

黑色闪电

一般闪电多为蓝色、红色或白色，但有时也有黑色闪电。由于大气中太阳光、云的电场和某些理化因素的作用，天空中会产生一种化学性能十分活泼的微粒。在电磁场的作用下，这种微粒便聚集在一起，形成许多球状物。这种球状物不会发射能量，但可以长期存在，它没有亮光，不透明，所以只有白天才能观测到它。

露 水

露水的概念

空气中水汽以液滴形式液化在地面覆盖物体上的液化现象。夜间气温下降，越近地面冷却越快，形成与白天相反的下冷上热的温度分布，当地面温度冷却到使贴地面空气中的水汽含量达到饱和时，地面物体上开始观察到露滴生成。如果温度持续降至0℃以下，露滴冻结成冰珠，称为冻露。日出之后，地面温度和湿度变成与夜晚完全相反的分布形式，贴近地面空气的增温也使该空气层的水汽含量欠饱和，各种条件都将有利于地面水分的蒸发，露滴逐渐消失。露珠是露的别名，它从夜幕降临到阳光初照是降落在花朵上，总是悄然无息。夏天的清晨，我们常可以在一些草叶上看到一颗颗亮晶晶的小水珠，这就是露。古时候，人们以为露水是从别的星球上掉下来的宝水，所以许多民间医生及炼丹家都注意收集露水，用它来医治百病及炼"长生不老丹"。

在晴朗无云，微风吹拂的夜晚，由于地面的花草、石头等物体散热比空气快，温度比空气低，当较热的空气碰到这些温度较低的物体时，便会发生饱和而凝结成小水珠留在这些物体上面，这就是我们看到的露水。

如何才能形成露水

露水需在大气较稳定，风小，天空晴朗少云，地面热量散失快的天气条件下才能形成。如果夜间天空有云，地面就像盖上一条棉被，热量碰到云层后，一部分折回大地，另一部分则被云层吸收，被云层吸收的这部分热量，以后又会慢慢地放射到地面，使地面的气温不容易下降，露水就难出现；如果夜间风较大，风使上下空气交流，增加近地面空气的温度，又使水汽扩散，露水也很难形成。

露水有哪些作用

露水对农作物生长很有利。在炎热的夏天，白天，农作物的光合作用很强，会蒸发掉大量的水分，发生轻度的枯萎。到了夜间，由于露水的供应，又使农作物恢复了生机。此外，还有利于作物对已积累的有机物进行转化和运输。

雨淞

雨淞是什么

超冷却的降水碰到温度等于或低于零摄氏度的物体表面时所形成玻璃状的透明或无光泽的表面粗糙的冰覆盖层，叫做雨淞。俗称"树挂"，也叫冰凌、树凝，形成雨淞的雨称为冻雨。我国南方把冻雨叫做"下冰凌""天凌"或"牛皮凌"。

雨淞的外形

雨淞比其他形式的冰粒坚硬、透明而且密度大（0.85克/立方厘米），和雨淞相似的雾淞密度却只有0.25克/立方厘米。雨淞的结构清晰可辨，表面一般光滑，其横截面呈楔状或椭圆状，它可以发生在水平面上，也可发生在垂直面上，与风向有很大关系，多形成于树木的迎风面上，尖端朝风的来向。

根据它们的形态分为梳状雨淞、椭圆状雨淞、匣状雨淞和波状雨淞等。

雨凇的形成过程

　　雨凇和雾凇的形成机制差不多，通常出现在阴天，多为冷雨产生，持续时间一般较长，日变化不很明显，昼夜均可产生。雨凇是在特定的天气背景下产生的降水现象。形成雨凇时的典型天气是微寒（0~3℃）且有雨，风力强、雾滴大，多在冷空气与暖空气交锋，而且暖空气势力较强的情况下才会发生。在此期间，江淮流域上空的西北气流和西南气流都很强，地面有冷空气侵入，这时靠近地面一层的空气温度较低（稍低于0℃），1500~3000米上空又有温度高于0℃的暖气流北上，形成一个暖空气层或云层，再往上3000米以上则是高空大气，温度低于0℃，云层温度往往在-10℃以下，即2000米左右高空，大气温度一般为0℃左右，而2000米以下温度又低于0℃。也就是近地面存在一个逆温层。大气垂直结构呈上下冷、中间暖的状态，自上而下分别为冰晶层、暖层和冷层。

　　从冰晶层掉下来的雪花通过暖层时融化成雨滴，接着当它进入靠近地面的冷气层时，雨滴便迅速冷却，成为过冷却雨滴（大气中有这样的物理特性：气温在零下几十摄氏度时，仍呈液态，被称为"过冷却"水滴，如过冷却雨滴、过冷却雾滴）。形成雨凇的雾滴、水滴均较大，而且凝结的速度也快。由于这些雨滴的直径很小，温度虽然降到0℃以下，但还来不及冻结便掉了下来。

　　当这些过冷雨滴降至温度低于0℃的地面及树枝、电线等物体上时，便集聚起来布满物体表面，并立即冻结。冻结成毛玻璃状透明或半透明的冰层，使树枝或电线变成粗粗的冰棍，一般外表光滑或略有隆突。有时还边滴淌、边冻结，结成一条条长长的冰柱，就变成了我们所说的"雨凇"。如果雨凇是由非过冷却雨滴降到冷却得很厉害的地面或物体上及雨夹雪凝附和冻结而形成的时候，即由外表非晶体形成的冰层和晶体状结冰共同混合组成，一般这种雨凇很薄而且存在的时间不长。

雨凇季节性和地域性分布

雨凇以山地和湖区多见。中国大部分地区雨凇都在12月至次年3月出现。中国年平均雨凇日数分布特点是南方多、北方少（但华南地区因冬暖，极少有接近零度的低温，因此既无冰雹也无雨凇）；潮湿地区多而干旱地区少（尤以高山地区雨凇日数最多）。中国年平均雨凇日数在30天以上的台站，差不多都是高山站。而平原地区绝大多数台站的年平均雨凇日数都在5天以下。

雨凇大多出现在1月上旬至2月上、中旬的一个多月内，起始日期具有北方早、南方迟、山区早、平原迟的特点，结束日期则相反。地势较高的山区，雨凇开始早，结束晚，雨凇期略长。如皖南的黄山光明顶，雨凇一般在11月上旬初开始，次年4月上旬结束，长达5个月之久。据统计，江淮流域的雨凇天气，沿淮的淮北地区2～3年一遇，淮河以南7～8年一遇。但在山区，山谷和山顶差异较大，山区的部分谷地几乎没有雨凇，而山势较高处几乎年年都有雨凇发生。

在20世纪60年代里，广州没有出现过雨凇，上海、北京、哈尔滨平均每年仅分别出现0.1天、0.7天和0.5天。中国雨凇日数最多的台站是峨眉山气象站，平均每年出现141.3天（最多年份167天），其次是金佛山70.2天（最多年份93天），第三位湖北巴东的绿葱坡61.5天（最多年份90天）等，都出现在南方高山地区。北方的雨凇既不多也不严重，干旱地区尤少。北方雨凇日数最多的地方就是甘肃省通谓的华家岭、华山和长白山天池，它们平均每年分别出现29.6天、19.8天和18.5天，也都是高山台站。

雨凇最多的季节，冬季严寒的北方地区以较温暖的春秋季节为多，如长白山天池气象站雨凇最多月份是 5 月，平均出现 5.7 天，其次是 9 月，平均雨凇日 3.5 天，冬季 12 月至次年 3 月因气温太低没有出现过雨凇。而南方则以较冷的冬季为多，如峨眉山气象站 12 月雨凇日数平均多达 26.4 天，1 月份也达 24.6 天，甚至有的年份 12 月、1 月和 3 月都曾出现过天天有雨凇的情况。

　　雨凇的危害程度与雨凇持续时间也有关系。上海市 1957 年 1 月 15—16 日曾出现一次雨凇，持续了 30 小时 9 分钟；北京最长连续雨凇时数是 30 小时 42 分钟，发生在 1957 年 3 月 1—2 日；哈尔滨最长持续 28 小时 29 分钟，发生在 1956 年 10 月 18—19 日。中国雨凇连续时数最长的地方也发生在峨眉山，从 1969 年 11 月 15 日一直持续到 1970 年 3 月 28 日，即持续 3198 小时 54 分钟之多。其次是南岳衡山 1370 小时 57 分钟（1976 年 12 月 24 日至 1977 年 2 月 19 日），第三为湖南的雪峰山 1192 小时 9 分（1976 年 12 月 25 日至 1977 年 2 月 12 日）。

　　雨凇枳冰的直径一般为 40～70 毫米，也有的几百毫米，中国雨凇积冰最大直径出现在南岳衡山，达 1200 毫米，其次是巴东绿葱坡 711 毫米，再次为湖南雪峰山的 648 毫米。

　　气象站观测雨凇积冰直径用的方法是：由于雨凇在结冰的过程中，导线变得越来越粗，但当雨凇积累到一定直径时，"雨凇冰棍"必然逐渐碎裂，这时气象观测人员就干脆全部清除残冰，让雨凇重新在导线上冻结。在高山上，也许要连续清除几次以至十几次，雨凇过程才告停止。按气象部门规定，各次碎裂时最大直径之和就是全部雨凇过程的最大积冰直径。1962 年 11 月 24 日发生在南岳衡山的一次雨凇积冰，每米导线上积了 16 872 克，是中国目前全部记录中的冠军。其他重量较大的纪录有：湖南雪峰山 15 616 克，黄山 12 148 克，庐山 5468 克和金佛山 5440 克等。河南省商丘县 1966 年 3 月 5—9 日的一场雨凇，最大直径 160 厘米，最大积冰直径 1400 克/米，则是 20 世纪 60 年代平原气象站中的罕见记录了。

雨凇奇观

雨凇组成的冰花世界，点点滴滴裹嵌在草木之上，结成各式各样美丽的冰凌花，有的则结成钟乳石般的冰挂，满山遍野一片银装素裹的世界。茫茫群峰是座座冰山，那造型奇特的松树、遍地的灌木，此时也成为银花盛开的玉树，仿佛银枝玉叶，分外诱人；满枝满树的冰挂，犹如珠帘长垂，山风拂荡，分外晶莹耀眼，如进入了琉璃世界；冰挂撞击，叮当作响，宛如曲曲动听的仙乐，和谐有节，清脆悦耳；山峦、怪石之上，茫茫一片，似雪非雪，仿佛披上一层晶莹的玉衣，光彩照人，在冬天灿烂的阳光下，分外晶莹剔透、闪烁生辉，蔚为奇观。

雨凇的危害

虽然雨凇使大地银装素裹、晶莹剔透、美轮美奂、风光无限，但雨凇却是一种灾害性天气，不易铲除，破坏性强，它所造成的危害是不可忽视的。

雨凇与地表水的结冰有明显不同，雨凇边降边冻，能立即黏附在裸露物的外表而不流失，形成越来越厚的坚实冰层，从而使物体负重加大，严重的雨凇会压断树枝、农作物、电线、房屋，妨碍交通。

雨凇最大的危害是使供电线路中断，高压线高高的钢塔在下雪天时，可以能承受2~3倍的重量，但是如果有雨凇的话，可能会承受10~20倍的电线重量，电线或树枝上出现雨凇时，电线结冰后，遇冷收缩，加上风吹引起的震荡和雨凇重量的影响，能使电线和电话线不胜重荷而被压断，几千米甚至几十千米的电线杆成排倾倒，造成输电、通讯中断，严重影响当地的工农业生产。历史上许多城市出现过高压线路因为雨凇而成排倒塌的情况。

雨凇也会威胁飞机的飞行安全，飞机在有过冷水滴的云层中飞行时，机翼、螺旋桨会积水，影响飞机空气动力性能造成失事。因此，为了冬季飞行安全，现代飞机基本都安装有除冰设备。当路面上形成雨凇时，公路交通因地面结冰而受阻，交通事故也因此增多，山区公路上地面积冰也是十分危险的，往往易使汽车滑向悬崖。

由于冰层不断地冻结加厚，常会压断树枝，因此雨凇对林木也会造成严重破坏。坚硬的冰层也能使覆盖在它下面的庄稼糜烂，如果麦田结冰，就会冻断返青的冬小麦，或冻死早春播种的作物幼苗。另外，雨凇还能大面积地破坏幼林、冻伤果树。农牧业和交通运输等方面受到较大程度的损失。严重的冻雨也会把房子压塌，危及人们的生命财产安全。

雨凇造成灾害的可能性与程度，都大大超过雾凇，在高纬度地区，雨凇是常出现的灾害性天气现象。消除雨凇灾害的方法，主要是在雨凇出现时，采取人工落冰的措施，发动输电线沿线居民不断把电线上的雨凇敲刮干净，并对树木、电网采取支撑措施；在飞机上安装除冰设备或干脆绕开冻雨区域飞行，可部分减轻雨凇带来的危害。

总之，冻雨是冬季的一种低温灾害，为了出行安全，交通运输、航空、铁路、公路、电力、电信、邮政等部门以及广大民众都应十分重视。

雾凇

雾凇的形成

雾凇俗称"树挂",在北方很常见,是北方冬季可以见到的一种类似霜降的自然现象,是一种冰雪美景。雾凇是雾中无数0℃以下而尚未结冰的雾滴随风在树枝等物体上不断积聚冻黏的结果,表现为白色不透明的粒状结构沉积物。因此雾凇现象在我国北方是很普遍的,在南方高山地区也很常见,只要雾中有过冷却水滴就可形成。

过冷却水滴温度低于0℃碰撞到同样低于冻结温度的物体时,便会形成雾凇。当水滴小到一碰上物体马上冻结时便会结成雾凇层或雾凇沉积物。雾凇层由小冰粒构成,在它们之间有气孔,这样便造成典型的白色外表和粒状结构。由于各个过冷水滴的迅速冻结,相邻冰粒之间的内聚力较差,易于从附着物上脱落。被过冷却云环绕的山顶上最容易形成雾凇,它也是飞机上常见的冰冻形式,在寒冷的天气里泉水、河流、湖泊或池塘附近的蒸雾也可形成雾凇。雾凇是受到人们普遍欣赏的一种自然美景,但是有时也会成为一种自然灾害。严重的雾凇有时会将电线、树木压断,造成损失。

雾凇奇观

吉林雾凇仪态万方、独具风韵的奇观，让络绎不绝的中外游客赞不绝口。然而很少有人知道雾凇对自然环境、人类健康所作的贡献。吉林雾凇正迎合了时下非常流行的一句话："我美丽，我健康！"

每当雾凇来临，吉林市松花江岸十里长堤"忽如一夜春风来，千树万树梨花开"，柳树结银花，松树绽银菊，把人们带进如诗如画的仙境。江泽民总书记1991年在吉林市视察期间恰逢雾凇奇景，欣然秉笔，写下"寒江雪柳，玉树琼花，吉林树挂，名不虚传"之句。1998年他又赋诗曰："寒江雪柳日新晴，玉树琼花满目春。历尽天华成此景，人间万事出艰辛。"

雾凇能净化空气

在美丽之外，吉林雾凇也有很多实际的用处。北方也有一些地方偶尔也有雾凇出现，但其结构紧密，密度大，对树木、电线及某些附着物有一定的破坏力。吉林雾凇因为结构很疏松，密度很小，不仅没有危害，而且还对人类有很多益处。

现代都市空气质量的下降是让人担忧的问题，吉林雾凇可是空气的天然清洁工。人们在观赏玉树琼花般的吉林雾凇时，都会感到空气格外清新舒爽、滋润肺腑，这是因为雾凇有净化空气的内在功能。空气中存在着肉眼看不见的大量微粒，其直径大部分在2.5微米以下，约相当于人类头发丝直径的1/40，体积很小，重量极轻，悬浮在空气中，危害人的健康。据美国对微粒污染危害做的调查测验表明，微粒污染重比微粒污染轻的城市，患病死亡率高15%，微粒每年导致5万人死亡,其中大部分是已患呼吸道疾病的老人和儿童。雾凇初始阶段的凇附,吸附微粒沉降到大地,净化空气,因此,吉林雾凇不仅在外观上洁白无瑕,给人以纯洁高雅的风貌,而且还是天然大面积的空气"清洁器"。

注重保健的人都不会对空气加湿器、负氧离子发生器等感到陌生,其实吉林雾凇就是天然的"负氧离子发生器"。所谓负氧离子,是指在一定条件下,带负电的离子与中性的原子结合,这种多带负离子的原子,就是负氧离子。负氧离子,也被人们誉为空气中的"维生素""环境卫士""长寿素"等,它有消尘灭菌、促进新陈代谢和加速血液循环等功能,可调整神经,提高人体免疫力和体质。在出现浓密雾凇时,因不封冻的江面在低温条件下,水滴分裂蒸发大量水汽,形成了"喷电效应",因而促进了空气离子化,也就是在有雾凇时,负氧离子增多。据测,在有雾凇时,吉林松花江畔负氧离子浓度可达每立方厘米数千个,比没有雾凇时的负氧离子高5倍以上。

噪声也是现代都市生活给人们带来的一个有害副产品,吉林雾凇是环境的天然"消音器"。噪声使人烦躁、疲惫、精力分散以及工作和学习效率降低,并能直接影响人们的健康以至于生命。人为控制和减少噪声危害,需要一定条件,并且又有一定局限性。吉林雾凇由于具有浓厚、结构疏松、密度小、空隙度高的特点,因此对声波反射率很低,能吸收和容纳大量音波,在形成雾凇的成排密集的树林里感到幽静,就是这个道理。

此外,根据吉林雾凇出现的特点、周期规律等,还可反馈未来天气和年成信息,为各行各业兴利避害、增收创利做出贡献。

彩 虹

彩虹是什么

彩虹是气象中的一种光学现象。当阳光照射到半空中的雨点，光线被折射及反射，在天空上形成拱形的七彩的光谱。彩虹七彩颜色，从外至内分别为赤、橙、黄、绿、青、蓝、紫。彩虹是一种自然现象，是由于阳光射到空气的水滴里，发生光的反射和折射造成的。

彩虹的形成原因

彩虹是因为阳光射到空中接近圆形的小水滴，造成色散及反射而成。阳光射入水滴时会同时以不同角度入射，在水滴内亦以不同的角度反射。当中以 $40°\sim 42°$ 的反射最为强烈，造成我们所见到的彩虹。造成这种反射时，阳光进入水滴，先折射一次，然后在水滴的背面反射，最后离开水滴时再折射一次。

因为水对光有色散的作用，不同波长的光的折射率有所不同，比如蓝光的折射角度就比红光大。由于光在水滴内被反射，所以观察者看见的光谱是倒过来的，红光在最上方，其他颜色在下。

其实只要空气中有水滴，而阳光正在观察者的背后以低角度照射，便可能产生可以观察到的彩虹现象。

彩虹最常在下午，雨后刚转天晴时出现。这时空气内尘埃少而充满小水滴，天空的一边因为仍有雨云而较暗。而观察者头上或背后已没有云的遮挡而可见阳光，这样彩虹便会较容易被看到。

另一个经常可见到彩虹的地方是瀑布附近。在晴朗的天气下背对阳光在空中洒水或喷洒水雾，亦可以人工制造彩虹。

我们面对着太阳是看不到彩虹的，只有背着太阳才能看到彩虹，所以早晨的彩虹出现在西方，黄昏的彩虹总在东方出现。可我们看不见，只有乘飞机从高空向下看，才能见到。

虹的出现与当时天气变化相联系，一般我们从虹出现在天空中的位置可以推测当时将出现晴天或雨天。东方出现虹时，本地是不大容易下雨的，而西方出现虹时，本地下雨的可能性却很大。

彩虹的明显程度，取决于空气中小水滴的大小，小水滴体积越大，形成的彩虹越鲜亮，小水滴体积越小，形成的彩虹就不明显。一般冬天的气温较低，在空中不容易存在小水滴，下雨的机会也少，所以冬天一般不会有彩虹出现。

彩虹其实并非出现在半空中的特定位置。它是观察者看见的一种光学现象，彩虹看起来的所在位置，会随着观察者而改变。当观察者看到彩虹时，它的位置必定是在太阳的相反方向。

彩虹的拱以内的中央，其实是被水滴反射，放大了的太阳影像。所以彩虹以内的天空比彩虹以外的要亮。

彩虹拱形的正中心位置，刚好是观察者头部阴影的方向，虹的本身则在观察者头部的影子与眼睛一线以上40°~42°的位置。因此当太阳在空中高于42°时，彩虹的位置将在地平线以下而看不见。这亦是为什么彩虹很少在中午出现的原因。

彩虹由一端至另一端，横跨84°。以一般的35毫米照相机，需要焦距为19毫米以下的广角镜头才可以用单格把整条彩虹拍下。倘若在飞机上，会看见彩虹是原整的圆形而不是拱形，而圆形彩虹的正中心则是飞机行进的方向。

晚虹是一种罕见的现象，在月光强烈的晚上可能出现。由于人类视觉在晚间低光线的情况下难以分辨颜色，故此晚虹看起来好像是全白色。

成对出现的彩虹

很多时候会见到两条彩虹同时出现，在平常的彩虹外边出现同心，称为副虹（又称霓）。副虹是阳光在水滴中经两次反射而成。当阳光经过水滴时，它会被折射、反射后再折射出来。在水滴内经过一次反射的光线，便形成我们常见的彩虹（主虹）。若光线在水滴内进行了两次反射，便会产生第二道彩虹（霓）。霓的颜色排列次序跟主虹是相反的。由于每次反射均会损失一些光能量，因此霓的光亮度亦较弱。

两次反射最强烈的反射角出现在 50°～53°，所以副虹位置在主虹之外。因为有两次反射，副虹的颜色次序跟主虹相反，外侧为蓝色，内侧为红色。

副虹其实一定跟随主虹存在，只是因为它的光线强度较低，所以有时不被肉眼察觉而已。

笛卡尔在 1637 年发现水滴的大小不会影响光线的折射。他以玻璃球注入水来进行实验，得出水对光的折射指数，用数学证明彩虹的主虹是水点内的反射造成；而副虹则是两次反射造成。他准确计算出彩虹的角度，但未能解释彩虹的七彩颜色。后来牛顿以玻璃菱镜展示把太阳光散射成彩色之后，关于彩虹的形成的光学原理全部被发现。

彩虹弯曲的原因

1. 光的波长决定光的弯曲程度

事实上如果条件合适的话，可以看到整圈圆形的彩虹。彩虹的形成是太阳光射向空中的水珠，经过折射→反射→折射后，进入我们的眼睛所形成。不同颜色的太阳光束经过上述过程形成彩虹的光束与原来光束的偏折角约 180°－42°＝138°。也就是说，若太阳光与地面水平，则观看彩虹的仰角约为 42°。

想象你看着东边的彩虹，太阳在从背后的西边落下。白色的阳光（彩虹中所有颜色的组合）穿越了大气，向东通过了你的头顶，碰到了从暴风雨落下的水滴。

当一道光束碰到了水滴，会有两种可能：一是光可能直接穿透过去，或者更有趣的是，它可能碰到水滴的前缘，在进入时水滴内部产生弯曲，接着从水滴后端反射回来，再从水滴前端离开，往我们这里折射出来。这就是形成彩虹的光。

光穿越水滴时弯曲的程度，应视光的波长（即颜色）而定——红色光的弯曲度最大，橙色光与黄色光次之，依此类推，弯曲最少的是紫色光。

每种颜色各有特定的弯曲角度，阳光中的红色光，折射的角度是42°，蓝色光的折射角度只有40°，所以每种颜色在天空中出现的位置都不同。

若你用一条假想线，连接你的后脑勺和太阳，那么与这条线呈42°夹角的地方，就是红色所在的位置。这些不同的位置勾勒出一个弧。既然蓝色与假想线只呈40°夹角，所以彩虹上的蓝弧总是在红色的下面。

2. 与地球的形状有很大的关系

由于地球表面是一个曲面并且被厚厚的大气所覆盖，雨后空气中的水含量比平时高，当阳光照射入空气中的小水滴时就形成了折射。同时由于地球表面的大气层为一弧面，从而导致了阳光在表面折射形成了我们所见到的弧形彩虹！

第五章
神秘的自然景观

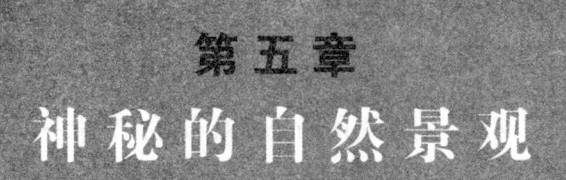

地球上最深的峡谷

西藏雅鲁藏布江下游的雅鲁藏布大峡谷是地球上最深的峡谷。大峡谷核心无人区河段的峡谷河床上有罕见的四处大瀑布群，其中一些主体瀑布落差都在30~50米。峡谷具有从高山冰雪带到低河谷热带季雨林等9个垂直自然带，拥有多种生物资源，包括青藏高原已知高等植物种类的2/3，已知哺乳动物的1/2，已知昆虫的4/5，以及中国已知大型真菌的3/5，物种之丰富堪称世界之最。

雅鲁藏布大峡谷北起米林县的大度卡村（海拔2880米），南到墨脱县巴昔卡村（海拔115米），雅鲁藏布大峡谷长504.9千米，平均深度5000米，最深处达6009米。整个峡谷地区冰川、绝壁、陡坡、泥石流和巨浪滔天的大河交错在一起，环境十分恶劣。许多地区至今仍无人涉足，堪称"地球上最后的秘境"，是地质工作少有的空白区之一。

峡谷被发现的过程

雅鲁藏布江下游，江水绕行南迦巴瓦峰，峰回路转，作巨大马蹄形转弯，形成了一个巨大的峡谷。1994年，中国科学家们对大峡谷进行了科学论证，以综合的指标，确认雅鲁藏布干流上的这个大峡谷为世界第一大峡谷。据国家测绘局公布的数据:这个大峡谷北起米林县的大渡卡村(海拔2880米),南到墨脱县巴昔卡村(海拔115米),全长504.6千米,最深处6009米,平均深度2268米,是不容置疑的世界第一大峡谷。曾被列为世界之最的美国科罗拉多大峡谷(深1880米,长400千米)和秘鲁的科尔卡大峡谷(深3203米),都不能与雅鲁藏布大峡谷等量齐观。

1998年9月,中华人民共和国国务院正式批准:大峡谷的科学正名为"雅鲁藏布大峡谷",罗马字母拼为Yarlung Zangbo Grand Canyon。

特殊的地理环境

年轻的青藏高原何以形成如此奇丽、壮观的大峡谷?雅鲁藏布大峡谷形成的直接原因与该地区地壳300万年来的快速抬升及深部地质作用有关。15万年以来,大峡谷地区的抬升速度达到30毫米/年,是世界上抬升最快的地区之一。最新地质考察获得的证据表明,大峡谷形成的根本原因是该地区存在着软流圈地幔上涌体。雅鲁藏布大峡谷形成的地质特征和美国科罗拉多大峡谷基本相似。雅鲁藏布大峡谷地区地幔上涌体可能是大峡谷水汽通道形成的一个重要因素,也可能是以该地区为中心的藏东南成为所谓"气候启动区"的原因,还可能是该地区生物纬向分布北移3°~5°的重要原因。以地幔上涌体为特征的岩石圈物质和结构调整对地球外圈层长尺度制约作用,在大峡谷地区有十分明显的表现,因此这里是地球系统中层圈耦合作用研究最理想的野外实验室。

高峰与拐弯峡谷的组合,在世界峡谷河流发育史上十分罕见,这本身就是一种自然奇观。其实,大拐弯峡谷是由若干个拐弯相连组成的。峡谷北侧的加拉白垒峰也是冰川发育的中心,其东坡列曲冰川是一条大型的山谷冰川,从雪线海拔 4700 米延至海拔 2850 米。

在大峡谷水汽通道北行的当口部位念青唐古拉山脉东段北坡，有卡钦冰川，长达 33 千米；帕隆藏布上游的来姑冰川，长达 35 千米。它们都是我国海洋性温性冰川中较长的山谷冰川，冰川末段伸入到亚热带常绿阔叶林中，最低可以达到海拔 2500 米左右的地方，构成奇特的自然景观。

气候与水量

这条天然水汽通道使来自印度洋的暖湿气流在青藏高原东南地区形成世界第一大降水带，年降水量达 4500～10 070 毫米；就是这条水汽通道使大峡谷积蓄了巨大的水能资源；就是这条天然水汽通道使热带气候带在青藏高原东南地区向北推移了五个纬度；就是这条天然水汽通道发育了巨大的海洋性冰川；就是这条天然水汽通道缩小了南北自然带之间的明显差异；就是这条天然水汽通道推动许多热带动、植物分布向北推移；就是这条天然水汽通道促进了喜马拉雅山脉南北生物的混合与交流；这就是这条天然水汽通道为许多古生物物种提供了安全庇护，不至灭绝。雅鲁藏布江水汽通道作用造成了大峡谷地区齐全完整的垂直自然带分布，由高向低，从高山冰雪带到低河谷热带季风雨林带，宛如从极地到赤道或从我国东北来到海南岛一样。

高山雪线之下是高山灌丛草甸带，再向下便是高山、亚高山常绿针叶林带，继续向下便是山地常绿、半常绿阔叶林带和常绿阔叶林带，进入低山、河谷是季风雨林带。这里的季风雨林不同于赤道附近的热带雨林，它是在热带海洋性季风条件下形成的有明显季节变化的雨林生态系统。这里是世界上山地垂直自然带最齐全丰富的地方，也是全球气候变化的缩影之地。

雅鲁藏布江是西藏最大河流，居中国河流的第五位，但其蕴藏的水力资源仅次于长江，居中国第二位，单位面积水能的蕴藏量居世界之冠。

动植物资源

大峡谷地区是西藏自治区生物资源最为丰富的地方。地区维管束植物约

3500余种，其中有利用价值的经济植物不下千种，具体可分为药用植物、油料植物、纤维植物等。特别要提到的是高山杜鹃，因为大峡谷的高山灌丛主要由常绿杜鹃组成。这一区域内有154种杜鹃，占世界杜鹃总种数（约600种）的26%。

大峡谷地区茂密的森林及高山灌丛草甸栖息着种类繁多的动物，其中不少是国家重点保护的珍稀动物。如皮毛动物水獭、石貂、云豹、雪豹、白鼬、豹猫和小熊猫；药用动物马麝、黑熊、穿山甲、鼯鼠、蛇蜥、银环蛇、眼镜王蛇；医用动物：猕猴；观赏动物长尾叶猴、棕颈犀鸟、红胸角雉、红腹角雉、排陶鹦鹉、大绯胸鹦鹉、蓝喉太阳鸟、火尾太阳鸟、红嘴相思鸟、白腹锦鸡、藏马鸡、黑颈鹤、蟒蛇和羚羊等。这些动物由于遭到长期大量捕杀，许多已濒临灭绝。

环境特点

大峡谷地区不同类型的自然带，除海拔4200米林线以上为雪原冰漠和草甸灌丛外，几乎都被森林占据着，天然林区面积广、森林资源丰富，仅次于中国东北和西南两个林区，居全国第二位。

大峡谷有两个基本特点：奇特的大拐弯和青藏高原最大的水汽通道，这两大特点本身构成了世界上珍奇的自然奇观，构成于最有特点的生态旅游资源。壮观、奇特、雄伟、秀美、原始、自然、洁净、环境独特、资源丰富无与伦比。前者最好从空中来立体观赏它，特别在空中能一睹它那全景的壮观和秀丽；后者的水汽和热量为大峡谷地区生态旅游带来山地齐全的垂直自然带、生物的多样性和季风型海洋性温性冰川、高山湖泊的无穷魅力和神奇壮秀以及变化无穷独特壮丽的万千气象。

形成原因分析

考察多年的研究表明：雅鲁藏布大峡谷形成的直接原因是该地区的地壳在近300万年以来的快速抬升，并与深部地质作用过程有关。利用裂变径迹方法获得15万年以来大峡谷地区的抬升速度达到30毫米/年，是世界上抬升最快的地区之一。气候证据表明，大峡谷地区是一个"热点"，推断是有类似于地幔羽的热源存在，但缺乏直接的地质证据。地质考察获得了完整的岩石学和构造地质学证据，表明大峡谷形成的根本原因是该地区存在着软流圈地幔上涌体。

最有意义的是，在上述退变高压麻粒岩地体和两大陆接合带附近，沿着近东西向韧性构造带，侵入了一套由超基性碱性杂岩—碳酸岩组成的完整岩石系列。侵入岩为岩筒、岩脉产状，宽度30厘米至12米。超基性碱性杂岩脉体边缘相或小规模岩筒中为角闪橄榄石岩，中央相为角闪金云母橄榄辉石岩。金云母、斜方辉石、单斜辉石和角闪石、尖晶石等是主要矿物相，并能发现文石、霞石和橄榄石等。碳酸岩围岩中出现强烈的地幔热液蚀变或交代，在脉体的中央镶有结晶的块状碳酸岩。主要的碳酸盐矿物是文石，有含量不等的霞石、金云母、橄榄石、斜方辉石、单斜辉石、石榴石等。还发现具有碳酸岩火成岩判别意义的、过去已有报道的矿物星叶石。这样的岩石组合通常来自地幔，多是

响应软流圈的上涌和热力作用、岩石圈减薄中地幔岩石发生减压增温熔融形成。火成碳酸岩是地幔溶体结晶分异作用晚期阶段的产物，碳酸岩与超基性碱性杂岩成分和矿物的含量呈过渡特征也说明了这一点。地质推断它们的形成时限很年轻，初步的同位素年代学结果证明是500万~800万年以来形成的。这套岩石组合的发现为论证大峡谷的形成是由于该地区存在地幔上涌体而引起的热力抬升提供了充分的岩石学证据。因此，雅鲁藏布大峡谷地区与峡谷形成相关的地质特征和美国科罗拉多大峡谷基本相似，是地幔上涌体或地幔热点作用的结果，引起岩石圈的减薄和类似的岩浆作用，相应地壳的快速抬升形成了大峡谷。

地球最宽的瀑布

巴西和阿根廷的交界处，有一条河，叫伊瓜苏。它开始由北向南分隔两国，又忽然拐了个比90°还要大的弯，向东流去。这个弯拐得太大了，东边的地势毫无连续性，低了一大截，于是，就有了这个马蹄形的让人过目难忘的大瀑布。瀑布跨越两国，被划在各自国家公园中，每年有200万游客从阿根廷或巴西前来游览。

南美洲的伊瓜苏瀑布是世界五大瀑布之一。1934年，阿根廷在伊瓜苏瀑布区建立了670平方千米的国家公园。1984年，伊瓜苏瀑布被联合国教科文组织列为世界自然遗产。1986年，巴西伊瓜国家公园被联合国教科文组织作为自然遗产，列入《世界遗产名录》。

"伊瓜苏"在南美洲土著居民瓜拉尼人的语言中，是"大水"的意思。发源于巴西境内的伊瓜苏河在汇入巴拉那河之前，水流渐缓，在阿根廷与巴西边境，河宽1500米，像一个湖泊。伊瓜苏大瀑布在伊瓜苏河上，沿途集纳了大小河流30条之多，到了大瀑布前方，已是一条大江河了。伊瓜苏河奔流千里来到两国边界处，从玄武岩崖壁陡落到巴拉那河峡谷时，在总宽约4000米的河面上，河水被断层处的岩石和茂密的树木分隔为275股大大小小的瀑布，跌落成平均落差为72米的瀑布群。由于河水的水量极大，在这里汇成了一道气势磅礴的世界最宽的大瀑布，其水流量达到了1700立方米/秒。这一道人间奇景，在30千米外就能听到它的飞瀑声。

1542年，一位西班牙传教士德维卡在南美巴拉那河流域的热带雨林中，意外地发现了伊瓜苏大瀑布：层层叠叠的瀑布环绕着一个马蹄形峡谷咆哮着倾泻而下，激起的水雾弥漫在密林上空，奔流而下的水流声几千米外都能听见。德维卡并不觉得伊瓜苏瀑布特别壮观，只形容为"可观"，他描绘伊瓜苏瀑布，说它"溅起的水花比瀑布高，高出不止掷矛两次之遥"。耶稣会教士继西班牙人来此传扬基督教，建立传教机构。其后，奴隶贩子来此掳掠瓜拉尼人，卖到葡萄牙和西班牙种植园去。耶稣会教士于是留下保护瓜拉尼人。西班牙王查理三世居然听信了庄园主的谗言，1767年把该会教士逐出南美洲。在阿根廷波萨达斯附近，仍保留着一座耶稣会的古建筑，称为圣伊格纳西奥米尼，建于1696年，是观赏瀑布的旅游中心。

瀑布分布于峡谷两边，阿根廷与巴西就以此峡谷为界，在阿根廷和巴西观赏到的瀑布景色截然不同。阿根廷这边分上下两条游览路线，下路蜿蜒贯穿在密林之中，可自下而上领略每一段瀑布的宏伟或妩媚，可说是十步一景；上路是自上而下感受瀑布翻滚而下的气势。在巴西那边能够欣赏到阿根廷这边主要瀑布的全景。伊瓜苏瀑布气势最宏伟的是"魔鬼喉"，在阿根廷这边是从上往下看，9股水流咆哮而下，惊心动魄，同时还可以望见环形瀑布群的全景；在巴西那边是从下往上看，水幕自天而降，另有一番感受。

非洲最大的瀑布

维多利亚瀑布位于南部非洲赞比亚和津巴布韦接壤的地方，在赞比西河上游和中游交界处，是非洲最大的瀑布，也是世界上最大、最壮观和最美丽的瀑布之一。位于赞比西河上，宽度超过2000米，瀑布奔入玄武岩海峡，水雾形成的彩虹远隔20千米以外就能看到。维多利亚瀑布被赞比亚人称为"Mosioatunra（莫西奥图尼亚或译为莫西瓦图尼亚）"，津巴布韦人则称之为"曼古昂冬尼亚"，两者的意思都是"声若雷鸣的雨雾"。曾居住在维多利亚瀑布附近的科鲁鲁人很怕那条瀑布，从不敢走近它。邻近的汤加族则视它为神物，把彩虹视为神的化身：他们在东瀑布举行仪式，宰杀黑牛以祭神。

瀑布的发现过程

1855年11月，苏格兰传教士和探险家戴维·利文斯敦成为第一个到达维多利亚瀑布的欧洲人。这是世界上最壮观的瀑布之一。位于赞比西河上，宽度超过两千米，瀑布奔入玄武岩海峡，水雾形成的彩虹远隔20千米以外就能看到。在1853年与1856年之间，苏格兰传教士和探险家戴维·利文斯敦与一批欧洲人一起首次横穿非洲。利文斯敦此行的目的显然是希望非洲中部能向基督教传教士们开放，他们从非洲南部向北旅行经过贝专纳（现在的博茨瓦纳），到达赞比西河。然后，他们向西到安哥拉的罗安达沿海。考虑到这条线路进入内陆太困难，他又调头东向，沿着2700千米长的赞比西河航行，希望这条大动脉般的河流成为开拓中非的"上帝高速公路"。1856年5月他们到达莫桑比克沿海的克利马内。就在这次旅行中的1855年11月，利文斯敦"发现"了莫西奥图尼亚瀑布，成为第一个到达这个瀑布的欧洲人（他初次听到关于瀑布的事是在四年之前，他和威廉姆·科顿·奥斯威尔抵达赞比西河岸以西129千米处时）。当时他乘独木舟顺流而下，于11月16日抵达该瀑布，老远就已看到瀑布激起的水汽。他登上瀑布边缘的一个小岛，看到整条河的河水突然在前方消失，利文斯敦写道："这条河好像是从地球上消失了。只经过80英尺距离，就消失在对面的岩缝中……我不明所以，于是就战战兢兢地爬到悬崖边缘，看到一个巨大的峡谷，把那条1000码宽的河流拦腰截断，使河水下坠100英尺，突然压缩到只有15～20码宽。整条瀑布从右岸到左岸，其实只是个在坚硬玄武岩中的裂缝，然后从左岸伸展，穿过三四十英里宽的丘陵。"后来利文斯敦指出那时低估了瀑布的宽度和高度。他认为这些瀑布"是我在非洲见过的最壮丽景色"。他又写道："……除了一团白色云雾之外，什么也看不见。那白练就像是成千上万的小流星，全朝一个方向飞驰，每颗流星后都留下一道飞沫。"第二天利文斯敦回到他第一次观看瀑布的小岛（现名为卡泽鲁卡或利文斯敦岛），种下桃、杏核和一些咖啡豆。他还在一棵树（据说是猴面包树）上刻上日期和自己名字的简写。他后来承认这是他在非洲唯一一次做出的无聊事。奇怪的是，探险家们并没有因这个重大发现而兴高采烈，尽管他后来对此事有"如此动人的景色一定会被飞行中的天使所注意"这样的描述。对利文斯敦而言，这瀑布实质上就是一垛长1676米、下冲107米的水墙，也是基督教传教士们试图到达内陆土著村落的实际障碍。对他而言，旅行的重点是找到瀑布以东的巴托卡高原。如果赞比西河被证实是可全线通航的话（它

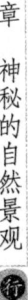

不能通航），在他看来，这一地方可作为潜在的居民点。尽管他以感觉有所"进展"的方式表达对发现瀑布的失望，但利文斯敦还是承认瀑布是如此壮观，以至于用英国女皇维多利亚的名字来命名它。1860年8月他率探险队第二次来到瀑布，测量峡谷的深度。他垂下一条绑了几颗子弹和一块白布的绳子。"我们派一人伏在一块凸出的悬崖上看着那小白布，其他的人放出了310英尺长的绳子，那几颗子弹才落在一块倾斜而凸出的岩石上，那里距下面的水面可能有50英尺。当然水底还要深。从高处下望，那块白布只有钱币大小。"因此他估计峡谷有354英尺（108米）深，大约是尼亚加拉瀑布的两倍。

瀑布的形成原因揭秘

当赞比西河河水充盈时，每秒7500立方米的水汹涌越过维多利亚瀑布。水量如此之大，且下冲力如此之强，以至引起水花飞溅，远达40千米外都可以看到。彩虹经常在飞溅的水花中闪烁，它能上升到305米的高度。离瀑布40~65千米处，人们可看到升入300米高空如云般的水雾。维多利亚瀑布的形成，是由于一条深邃的岩石断裂谷正好横切赞比西河。断裂谷由1.5亿年以前的地壳运动所引起。维多利亚瀑布最宽处达1690米。河流跌落处的悬崖对面又是一道悬崖，两者相隔仅75米。两道悬崖之间是狭窄的峡谷，水在这里形成一个名为"沸腾锅"的巨大漩涡，然后顺着72千米长的峡谷流去。非洲第四大河的赞比西河滚滚流到这里，在宽约1800米的峭壁上骤然翻身，万顷银涛整个跌入约110米深的峡谷中，卷起千堆雪，万重雾，只见雪浪腾翻，湍流怒涌，万雷轰鸣，动地惊天，溅起的白色水雾，有如片片白云和轻烟在空中缭绕，巨响和飞雾可远及15千米。大瀑布所倾注的峡谷本身就是世界上罕见的天堑。在这里，高峡曲折，苍岩如剑，巨瀑翻银，疾流如奔，构成一副格外奇丽的自然景色。大瀑布倾注的

第一道峡谷，在其南壁东侧，有一条南北走向峡谷，把南壁切成东西两段，峡谷宽仅60余米，整个赞比西河的巨流就从这个峡谷中翻滚呼啸狂奔而出。大瀑布的水汽腾空达300余米高，使这个地区布满水雾，若逢雨季，水沫凝成阵阵急雨，人们站在这里，不消几分钟，就会浑身湿透。

瀑布的分布

赞比西河刚流经赞比亚与津巴布韦边界时，两岸草原起伏，散布着零星的树木，河流浩浩荡荡向前进，并无出现巨变的迹象。这一段是河的中游，宽达1.6千米，水流舒缓。突然河流从悬崖边缘下泻，形成一条长长的匹练，以无法想象的磅礴之势翻腾怒吼，飞泻至狭窄嶙峋的陡峭深谷中，宽度缩减至只有60米。其景色极其壮观！赞比西河的流量随季节而变，雨季涨满水的河流每分钟有5.5亿立方米的水自1.6千米宽的悬崖边缘下泻，形成世上最宽的瀑布。倾注的河水产生一股充满飞沫的上升气流，游客站在瀑布对面悬崖边，手上的手帕都会被这强大的上升雾气卷至半空。维多利亚瀑布带是长达97千米的"之"字形峡谷，落差106米。整个瀑布被利文斯敦岛等4个岩岛分为5段，因流量和落差的不同而分别被冠名为"魔鬼瀑布""主瀑布""马蹄瀑布""彩虹瀑布"和"东瀑布"。位于最西边的是"魔鬼瀑布"，魔鬼瀑布最为气势磅礴，以排山倒海之势直落深渊，轰鸣声震耳欲聋，强烈的威慑力使人不敢靠近。"主瀑布"在中间，主瀑布高122米、宽约1800米，落差约93米。流量最大，中间有一条缝隙；东侧是"马蹄瀑布"，它因被岩石遮挡为马蹄状而得名；像巨帘一般的"彩虹瀑布"则位于"马蹄瀑布"的东边，空气中的水点折射阳光，产生美丽的彩虹。彩虹瀑布即因时常可以从中看到七色彩虹而得名。水雾形成的彩虹远隔20千米以外就能看到，彩虹经常在飞溅的水花中闪烁，并且能上升到305米的高度。在月色明亮的晚上，水汽更会形成奇异

的月虹;"东瀑布"是最东的一段,该瀑布在旱季时往往是陡崖峭壁,雨季才成为挂满千万条素练般的瀑布。

瀑布的水雾奇观

飞流直下的这5条瀑布都泻入一个宽仅400米的深潭,酷似一幅垂入深渊中的巨大的窗帘,瀑布群形成的高几百米的柱状云雾,飞雾和声浪能飘送到10千米以外,声若雷鸣,云雾迷蒙。数十里外都可看到水雾在不断地升腾,因此它被人们称为"沸腾锅",那奇异的景色堪称人间一绝。赞比西河经过瀑布后气势依然壮观,河水冲进狭谷,汹涌直奔过的"沸腾锅"的漩涡潭,沿着"之"字形峡谷再往前奔腾64千米向下游进发。维多利亚瀑布以它的形状、规模及声音而举世闻名,堪称人间奇观。而瀑布附近的"雨林"又为维多利亚瀑布这一壮景平添了几分姿色。"雨林"是面对瀑布的峭壁上一片长年青葱的树林(不过周围的草原在干旱季节时会失去绿色)。它靠瀑布水汽形成的潮湿小气候长得十分茂盛。作为这里的一大景点,"雨林"仿佛终日置身于雨雾,即使是大晴天也不例外。在8月至12月的旱季里,维多利亚瀑布的全宽可尽收眼底,不过这时的水位可能很低。到洪水季节(3~5月),那情景变得惊天动地。赞比西河的狂涛怒波,以万马奔腾之势飞泻而下,流量达旱季时的15倍。

神奇的科罗拉多大峡谷

科罗拉多大峡谷是一个举世闻名的自然奇观,位于美国西部亚利桑那州西北部的凯巴布高原上,大峡谷全长446千米,平均宽度16千米,最大深度1740米,平均谷深1600米,总面积2724平方千米。由于科罗拉多河穿流其中,故

又名科罗拉多大峡谷，它是联合国教科文组织选为受保护的天然遗产之一。

大峡谷是科罗拉多河的杰作。这条河发源于科罗拉多州的落基山，洪流奔泻，经犹他州、亚利桑那州，由加利福尼亚州的加利福尼亚湾入海，全长2320千米。"科罗拉多"，在西班牙语中，意为"红河"，这是由于河中夹带大量泥沙，河水常显红色的缘故。

科罗拉多河的长期冲刷，不舍昼夜地向前奔流，有时开山劈道，有时让路回流，在主流与支流的上游就已刻凿出黑峡谷、峡谷地、格伦峡谷，布鲁斯峡谷等19个峡谷，而最后流经亚利桑那州多岩的凯巴布高原时，更出现惊人之笔，形成了这个大峡谷奇观，而成为这条水系所有峡谷中的"峡谷之王"。

科罗拉多大峡谷的形状极不规则，大致呈东西走向，总长349千米，蜿蜒曲折，像一条桀骜不驯的巨蟒，匍匐于凯巴布高原之上。它的宽度为6～25千米，峡谷两岸北高南低，平均谷深1600米，谷底宽度762米。科罗拉多河在谷底汹涌向前，形成两山壁立，一水中流的壮观景色，其雄伟的地貌，浩瀚的气魄，慑人的神态，奇突的景色，世无其匹。1903年美国总统西奥多·罗斯福来此游览时，曾感叹地说："大峡谷使我充满了敬畏，它无可比拟、无法形容，在这辽阔的世界上，绝无仅有。"有人说，在太空唯一可用肉眼看到的自然景观就是科罗拉多大峡谷。

科罗拉多大峡谷全长443千米，谷底最深处为1600千米，宽度为200～29 000米。早在5000年前，就有土著美洲印第安人在这里居住。大峡谷岩石是一幅地质画卷，反映了不同的地质时期，它在阳光的照耀下变幻着不同的颜色，魔幻般的色彩吸引了全世界无数旅游者的目光。

峡谷的成因揭秘

科罗拉多高原为典型的"桌状高地",也称"桌子山",即顶部平坦侧面陡峭的山。这种地形是由于侵蚀作用(下切和剥离)形成的。在侵蚀期间,高原中比较坚硬的岩层构成河谷之间地区的保护帽,而河谷里侵蚀作用活跃。这种结果就造成了平台型大山或堡垒状小山。

科罗拉多高原是北美古陆台伸入科迪勒拉区的稳定地块,由于相对稳定,地表起伏变化极小,而且在前寒武纪结晶岩的基底上覆盖了厚厚的各地质时期的沉积,其水平层次清晰,岩层色调各异,并含有各地质时期代表性的生物化石。岩性、颜色不同的岩石层,被外力雕琢成千姿百态的奇峰异石和峭壁石柱。伴随着天气变化,水光山色变幻多端,天然奇景蔚为壮观。

峡谷两壁及谷底气候、景观有很大不同,南壁干暖,植物稀少;北壁高于南壁,气候寒湿,林木苍翠;谷底则干热,呈一派荒漠景观。蜿蜒于谷底的科罗拉多河曲折幽深,整个大峡谷地段的河床比降为每千米150厘米,是密西西比河的25倍。其中50%的比降还很集中,这就造成了峡谷中部分地段河水激流奔腾的景观。因为如此,沿峡谷航行漂流成为引人入胜的探险活动。

大峡谷两岸都是红色的巨岩断层,大自然用鬼斧神工的创造力镌刻得岩层嶙峋、层峦叠嶂,夹着一条深不见底的巨谷,卓显出无比的苍劲壮丽。更为奇特的是,这里的土壤虽然大都是褐色,但当它沐浴在阳光中时,在阳光照耀下,依太阳光线的强弱,岩石的色彩则时而是深蓝色、时而是棕色、时而又是赤色,总是扑朔迷离、变幻无穷,彰显出大自然的斑斓诡秘。这时的大峡谷,宛若仙境般七彩缤纷、苍茫迷幻,迷人的景色令人流连忘返。峡谷的色彩与结构,特别是那气势磅礴的魅力，是任何雕塑家和画家都无法模拟的。

　　峡谷岩壁的水平岩层清晰明了，这是亿万年前的地质沉积物，如同树木的年轮一样，为人们认识地质变化提供了充分的依据。大峡谷除去它雄伟壮观的一面，还有很多千回百转的通幽曲径；两崖壁立千仞，夹持一线青天的景色在令人惊叹之余，难免也会让你觉得前面似乎就有当关之勇夫。另外的一些由水流冲击而成的岩穴石谷，形状千奇百态，色彩通红如火，每一处岩石都好像是一幅精美的画，置身其中，犹如来到仙境一般。在大峡谷国家公园的电影院里，有世界最大的银幕，讲述着大峡谷的历史和变迁。亿万年前，这里也同喜马拉雅山一样，曾是一片汪洋大海，造山运动使它崛起。然而由于石质松软，经过数百万年湍急的科罗拉多河的冲刷，两岸岩壁被摩擦切割成今天全长近 400 千米、宽约 20 千米、平均深度 1500 米的世界著名大峡谷。

大峡谷的无穷魅力

　　自 1869 年 John Wesley Powell 首次漂流科罗拉多峡谷开始，100 多年来有无数的美国探险家追随着他的足迹在大峡谷里挑战险滩，搏击急流，在这里诠释着一种美国精神。科罗拉多大峡谷是世界上最大的峡谷之一，也是地球上自然界七大奇景之一，全世界许多到过此地的人为之感叹：只有闻名遐迩的科罗拉多大峡谷才是美国真正的象征。

　　科罗拉多大峡谷总面积接近 3000 平方千米，任何人都不可能一眼看遍大峡谷的全貌。只有从高空俯瞰，才有可能完整地欣赏这条大地的裂缝。真正身临其境的人，只能从峡谷南缘或者北缘欣赏大峡谷的一部分。这倒是应了"不识庐山真面目，只缘身在此山中"的道理。

美国作家约翰·缪尔1890年游历了大峡谷后写道："不管你走过多少路，看过多少名山大川，你都会觉得大峡谷仿佛只能存在于另一个世界，另一个星球。"此言不虚。科罗拉多大峡谷是自然的奇迹，到了这里，你才会意识到自己的渺小，抑或是人类在大自然面前的渺小。站在峡谷边缘，你会惊异这片土地怎么就被鬼斧神工地掰开在你面前，露出里面斑斓的层层断面。峭壁下的深渊深不可测，尽管有护栏围着，但是来自那深渊的魔力仍然让人胆寒，不敢正视。你会疑心自己到了地狱门口，而冥王正笑着端详下一个猎物；或者你会觉得自己已经走到了世界的尽头，孤单单地把整个世界抛在了身后。它带给你一种难以名状的震慑，所谓人类的历史，时间的流逝，在这道鸿沟面前似乎也只能归于一粒沙尘。

很多人难以抵挡一探究竟的诱惑，选择骑骡子或骑马去谷底闯荡一遭。如果真的下到谷底，就会发现这里又是另一片天地。在"地狱"深处，也未必就要忍受无间的痛苦。你体验的不过是当年西部牛仔驰骋荒原的生活。美国西部片里常出现的牛仔骑马挎枪，骑马飞奔在寸草不生的红土地上的情景就是当年大峡谷地区的写照。很多西部片都还在这里取景，因为这里的西部风情最纯粹。

2002年，权威的美国《国家地理》杂志的野外记者和编辑们进行了一次评选：在美国最刺激、最富有挑战性的100项探险活动中，沿科罗拉多河乘橡皮筏全程漂流大峡谷名列榜首。由于大峡谷既是最刺激最有挑战性的探险活动，又是美轮美奂的旅游享受，能够参与具有如此无与伦比的超凡脱俗魅力的活动，导致世界各地无数人梦寐以求的向往，不惜以排队等候18年以后，才能领略此番享受而引以为自豪与荣耀！

亿万年来，奔腾的科罗拉多河从美国西部亚利桑那州北部的堪帕布高原中，切割出这令人震撼的奇迹——科罗拉多大峡谷。大峡谷为访问者提供了无与伦

比从陡立的悬崖边欣赏壮观的远古峡谷中狭长景色的机会。它并不是世界上最深的峡谷，但是大峡谷凭借其超乎寻常的体表和错综复杂、色彩丰富的地面景观而驰名。从地质角度上来看，它非常有价值。因为裸露在峡谷石壁上的从远古保留下来的巨大石块，因其坚硬和粗犷而美丽。这些石层无声地记载了北美大陆早期地质形成发展的过程。当然，这里也是地球上关于风蚀研究所能找到的最迷人的景点。

丰富的资源

在大峡谷中，有75种哺乳动物、50种两栖和爬行动物、25种鱼类和超过300种的鸟类生存。整个国家公园也是动物的乐园。驯鹿是峡谷内最普遍的一种哺乳动物，并能普遍地从悬崖边缘观察到它们的身影。沙漠大盘羊生活在峡谷深处陡峭的绝壁上，在游人通常的游览路线中不易被发觉。体型中等或较小的山猫和山狗的生活范围从绝壁边缘到河边无定所，国家公园中还有少量的山狮。小型哺乳动物包括浣熊、海狸、花栗鼠、地鼠和一些不同种类的松鼠、兔和老鼠。两栖和爬行动物有种类繁多的蜥蜴、蛇（包括当地特有的大峡谷粉红响尾蛇）、龟类、蛙类、蟾蜍和火蜥蜴。还有成百种不同的鸟类和数不清的昆虫和节肢类动物（蜘蛛）在此处定居。

壮观的侵蚀地貌

大峡谷全长约330千米，宽度从6千米到数十千米不等，最深处可达1824米，谷地河面海拔不到1000米，而谷岸最高海拔可达3000多米。亿万年来，奔腾的科罗拉多河从凯巴布高原中切割出这令人震撼的奇迹。无论是在南岸还是北岸，居高远望，都可以清楚看到坦如桌面的高原上的一道大裂痕，那便是科罗拉多河刻在这片洪荒大地上的印迹。它并不是世界上最深的峡谷，但以其规模巨大的丰富多彩而著称。它令世人注目也是它被列为世界自然遗产名录的最重要原因，还在于其地质学意义：保存完好并充分暴露的岩层，记录了北美大陆早期几乎全部地质历史。这里记录了550万~250万年前古生代的岩石，

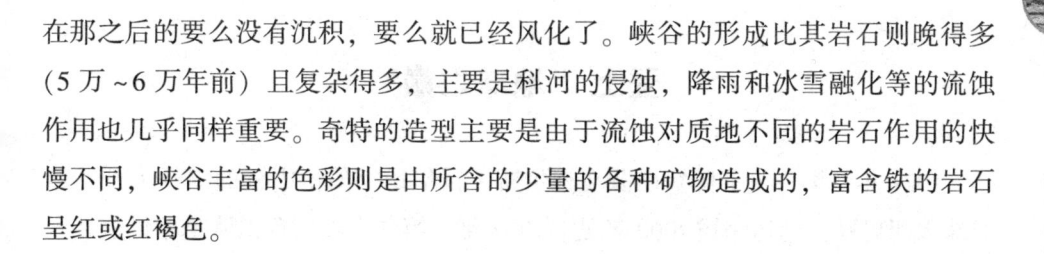

在那之后的要么没有沉积,要么就已经风化了。峡谷的形成比其岩石则晚得多(5万~6万年前)且复杂得多,主要是科河的侵蚀,降雨和冰雪融化等的流蚀作用也几乎同样重要。奇特的造型主要是由于流蚀对质地不同的岩石作用的快慢不同,峡谷丰富的色彩则是由所含的少量的各种矿物造成的,富含铁的岩石呈红或红褐色。

地球最高峰——珠穆朗玛峰

为什么叫"珠穆朗玛"

珠穆朗玛峰(Jo-mo glang-ma),简称珠峰,又意译作圣母峰,位于中华人民共和国和尼泊尔交界的喜马拉雅山脉之上,终年积雪,是世界第一高峰。藏语"珠穆朗玛 jo-mo glang-ma"就是"大地之母"的意思。藏语"珠穆"(Jo-mo)是女神之意,"朗玛"(glang-ma)应该理解成母象(在藏语里,glang-ma 有两种意思:高山柳和母象)。珠穆朗玛峰山体呈巨型金字塔状,威武雄壮昂首天外,地形极端险峻,环境异常复杂。雪线高度:北坡为 5800~6200 米,南坡为 5500~6100 米。东北山脊、东南山脊和西山山脊中间夹着三大陡壁(北壁、东壁和西南壁),在这些山脊和峭壁之间又分布着 548 条大陆型冰川,总面积达 1457.07 平方千米,平均厚度达 7260 米。冰川的补给主要靠印度洋季风带两大降水带积雪变质形成。冰川上有千姿百态、瑰丽罕见的冰塔林,又有高达数十米的冰陡崖和步步陷阱的明暗冰裂隙,还有险象环生的冰崩、雪崩区。

登上"地球之巅"

　　1921年,第一支英国登山队在查尔斯·霍华德·伯里中校的率领下开始攀登珠穆朗玛峰,到达海拔7000米处。1922年,第二支英国登山队是用供氧装置到达海拔8320米处。1924年,第三支英国登山队攀登珠穆朗玛峰时,乔治·马洛里和安德鲁·欧文在使用供氧装置登顶过程中失踪。马洛里的遗体于1999年在海拔8150米处被发现,而他随身携带的照相机失踪,故无法确定他和欧文是否是登顶成功的世界第一人。

　　1953年5月29日,34岁来自新西兰的登山家埃德蒙·希拉里(Edmund Hillary)作为英国登山队队员与39岁的尼泊尔向导丹增·诺尔盖(Tenzing Norgay)一起沿东南山脊路线登上珠穆朗玛峰,是记录上第一个登顶成功的登山队伍。1956年,以阿伯特·艾格勒为首的瑞士登山队在人类历史上第二次登上珠穆朗玛峰(有准确记录以来)。1960年5月25日,中华人民共和国登山人员首次登上珠穆朗玛峰。他们是王富洲、贡布、屈银华。此次攀登,也是首次从北坡攀登成功。1963年,以诺曼·迪伦弗斯为首的美国探险队首次从西坡登顶成功。1975年,日本人田部井淳子成为世界上首位从南坡登上珠穆朗玛峰的女性。是年,中华人民共和国登山队第二次攀登珠峰,9名队员登顶。其中藏族队员潘多成为世界上第一位从北坡登顶成功的女性。1978年,奥地利人彼得·哈贝尔和意大利人赖因霍尔德·梅斯纳首次未带氧气瓶登顶成功。1980年,波兰登山家克日什托夫·维里克斯基第一次在冬天攀登珠穆朗玛峰成功。1988年,中华人民共和国、日本、尼泊尔三国联合登山队首次从南北两侧双跨珠穆朗玛峰成功。1996年,包括著名登山家罗布·哈尔在内的15名登山者在登顶过程中牺牲,是历史上攀登珠穆朗玛峰牺牲人数最多的一年。1998年,美国人汤姆·惠特克成为世界上第一个攀登珠穆朗玛峰成功登顶的残疾人。2000年,尼泊尔著名登山家巴布·奇里从大本营出发由北坡攀登,耗时16小时56分登顶成功,创造了登顶的最快纪录。2001年,美国人维亨迈尔成为世界上首个登上珠穆朗玛峰的盲人。2005年,中华人民共和国第四次珠峰地区综合科考高度测量了登山队成功攀登珠峰并测量了珠峰高度数据。

珠峰的"邻居"

珠峰不仅巍峨宏大、气势磅礴。在它周围20千米的范围内，群峰林立，山峦叠嶂。仅海拔7000米以上的高峰就有40多座，较著名的有南面3千米处的"洛子峰"（海拔8463米，世界第四高峰）和海拔7589米的卓穷峰，东南面是马卡鲁峰（海拔8463米，世界第五高峰），北面3千米是海拔7543米的章子峰，西面是努子峰（7855米）和普莫里峰（7145米）。在这些巨峰的外围，还有一些世界一流的高峰遥遥相望：东南方向有世界第三高峰干城嘉峰（海拔8585米，尼泊尔和锡金的界峰）；西面有海拔7998米的格重康峰、8201米的卓奥友峰和8012米的希夏邦马峰。形成了群峰来朝，峰头汹涌的波澜壮阔的场面。珠穆朗玛峰珠峰地区及其附近高峰的气候复杂多变，即使在一天之内，也往往变化莫测，更不用说在一年四季之内的翻云覆雨。大体来说，每年6月初至9月中旬为雨季，强烈的东南季风造成暴雨频繁，云雾弥漫，冰雪肆虐无常的恶劣气候。11月中旬至翌年2月中旬，因受强劲的西北寒流控制，气温可达-60℃，平均气温在-40~50℃。最大风速可达90米/秒。每年3月初至5月末，这里是风季过度至雨季的春季，而9月初至10月末是雨季过度至风季的秋季。在此期间，有可能出现较好的天气，是登山的最佳季节。

丰富的资源

珠穆朗玛峰山顶终年冰雪覆盖，冰川面积达1万平方千米，雪线（4500~6000米）南低北高。南坡降水丰富，1000米以下为热带季雨林，1000~2000

米为亚热带常绿林，2000 米以上为温带森林，4500 米以上为高山草甸。北坡主要为高山草甸，4100 米以下河谷有森林及灌木。山间有孔雀、长臂猿、藏熊、雪豹、藏羚等珍禽奇兽及多种矿藏。

地球屋脊——喜马拉雅山脉

亚洲雄伟的山脉喜马拉雅山脉包括世界上多座最高的山，有 110 多座山峰高达或超过海拔 7300 米。其中之一是世界最高峰珠穆朗玛峰（也称埃佛勒斯峰，萨加·玛塔峰），高达 8844.43 米。这些山的伟岸峰巅耸立在永久雪线之上。数千年来，喜马拉雅山脉对于南亚民族产生了人格化的深刻影响，其文学、政治、经济、神话和宗教都反映了这一点。冰川覆盖的浩茫高峰早就吸引了古代印度朝圣者们的瞩目，他们据梵语词 hima（雪）和 alaya（域）为这一雄伟的山系创造了喜马拉雅山这一梵语名字。如今喜马拉雅山脉为全世界登山者们最具吸引力的地方，同时也向他们提出最大的挑战。

该山脉形成印度次大陆的北部边界及其与北部大陆之间几乎不可逾越的屏障，系从北非至东南亚太平洋海岸环绕半个世界的巨大山带的组成部分。喜马拉雅山脉本体在查谟和克什米尔（Jammu and Kashmir）有争议地区的帕尔巴特峰（8126 米）至西藏南迦巴瓦峰（7756 米）之间，从西向东连绵不断横亘 2500 千米。两个喜马拉雅山王国尼泊尔和不丹位于山脉东、西两端之间。喜马拉雅山脉在西北与兴都库什山脉和喀喇昆仑山脉交界，在北面与西藏高原接壤。喜马拉雅山脉从南至北的宽度，为201～402千米。总面积约为594400平方千米。

地理位置喜马拉雅山是世界上最高大最雄伟的山脉。它耸立在青藏高原南缘，分布在我国西藏和巴基斯坦、印度、尼泊尔和不丹等国境内，其主要部分在我国和尼泊尔交接处。西起帕米尔高原的南迦帕尔巴特峰，东至雅鲁藏布江急转弯处的南迦巴瓦峰，全长约2500千米，宽200～300千米。

喜马拉雅山的经纬度是：27°59′N，86°56′E（北纬27°59′，东经86°56′）。

名称的由来

这些山峰终年为冰雪覆盖，藏语"喜马拉雅"即"冰雪之乡"的意思。"珠穆朗玛"是藏语"雪山女神"的意思。她银装素裹，亭亭玉立于地球之巅，俯视人间，保护着善良的人们。时而出现在湛蓝的天空中，时而隐藏在雪白的祥云里，更显出她那圣洁、端庄、美丽和神秘的形象。作为地球最高峰的珠穆朗玛峰，对于中外登山队来说，是极具吸引力的攀登目标。

美丽的传说

在广泛流传的藏族民间故事中，有这么一个关于喜马拉雅山区的传说：

在很早很早以前，这里是一片无边无际的大海，海涛卷起波浪，搏击着长满松柏、铁杉和棕榈的海岸，发出哗哗的响声。森林之上，重山叠翠，云雾缭绕；森林里面长满各种奇花异草，成群的斑鹿和羚羊

在奔跑，三五成群的犀牛，迈着蹒跚的步伐，悠闲地在湖边饮水；杜鹃、画眉和百灵鸟，在树梢头跳来跳去欢乐地唱着动听的歌曲；兔子无忧无虑地在嫩绿茂盛的草地上奔跑……这是一幅多么诱人的和平、安定的图景呀！有一天，海里突然来了头巨大的五头毒龙，把森林捣得乱七八糟，又搅起万丈浪花，摧毁了花草树木。生活在这里的飞禽走兽，都预感到灾难临头了。它们往东边跳，东边森林倾倒、草地淹没；它们又涌到西边，西边也是狂涛恶浪，打得谁也喘不过气来，正当飞禽走兽们走投无路的时候，突然，大海的上空飘来了五朵彩云，变成五部慧空行母，她们来到了海边，施展无边法力，降服了五头毒龙。妖魔被征服了，大海也风平浪静，生活在这里的鹿、羚、猴、兔、鸟，对仙女顶礼膜拜，感谢她们救命之恩。众空行想告辞回天庭，怎奈众生苦苦哀求，要求她们留在此间为众生谋利。于是五仙女发慈悲之心，同意留下来与众生共享太平之日。五位仙女喝令大海退去，于是，东边变成茂密的森林，西边是万顷良田，南边是花草茂盛的花园，北边是无边无际的牧场。那五位仙女，变成了喜马拉雅山脉的五个主峰，即祥寿仙女峰、翠颜仙女峰、贞慧仙女峰、冠咏仙女峰、施仁仙女峰，屹立在西南部边缘之上，守卫着这幸福的乐园；那为首的翠颜仙女峰便是珠穆朗玛，它就是今天的世界最高峰，当地人民都亲热地称之为"神女峰"。

西藏高原由沧海变成，已经被越来越多的科学考察、发现所证明。但是，高原并非在一朝一夕形成，而是相当缓慢地变化着，只是近几百万年的地壳变动，才使高原隆起急剧上升。最近几年对喜马拉雅山的主峰——珠穆朗玛峰的测定证明，高原还在不停地上升着，这个上升速度在地球历史上是惊人的，但也不过一年上升一二厘米罢了。

喜马拉雅山脉的地貌

喜马拉雅山脉最典型的特征是遥不可及的高度，越陡峭参差不齐的山峰，令人惊叹不止的山谷和高山冰川，被侵蚀作用深深切割的地形，深不可测的河流峡谷，复杂的地质构造，表现出动植物和气候不同生态联系的系列海拔带（或区）。从南面看，喜马拉雅山脉就像是一弯硕大的新月，主光轴超出雪线之上，雪原、高山冰川和雪崩全都向低谷冰川供水，后者从而成为大多数喜马拉雅山脉河流的源头。不过，喜马拉雅山脉的大部分却在雪线之下。创造了这一山脉的造山作用至今依然活跃，并有水流侵蚀和大规模的山崩。

喜马拉雅山脉可以分为4条平行的纵向的不同宽度的山带，每条山带都具鲜明的地形特征和自己的地质史。它们从南至北被命名为外或亚喜马拉雅山脉，小或低喜马拉雅山脉，大或高喜马拉雅山脉，以及特提斯或西藏喜马拉雅山脉。

喜马拉雅山脉东西绵延2400多千米，南北宽200～300千米，由几列大致平行的山脉组成，呈向南凸出的弧形，在我国境内是它的主干部分。平均海拔高达6000米，是世界上最雄伟的山脉。海拔7000米以上的高峰有40座，8000米以上的高峰有11座，主峰珠穆朗玛峰海拔8844.43米，为世界第一高峰。

喜马拉雅山脉自南向北大致可分为三带：南带为山麓低山丘陵带，海拔700～1000米；中带为小喜马拉雅山带，海拔3500～4000米；北带是大喜马拉雅山带，是喜马拉雅山系的主脉，由许多高山带组成，宽50～60千米，平均海拔在6000米以上，数十个山峰的海拔在7000米以上，其中包括世界第一高峰珠穆朗玛峰。各山峰终年为冰雪覆盖，呈一片银色世界。

喜马拉雅山脉在地势结构上并不对称，北坡平缓，南坡陡峻。在北坡山麓地带，是我国青藏高原湖盆带，湖滨牧草丰美，是良好的牧场。流向印度洋的大河，几乎都发源于北坡，切穿大喜马拉雅山脉，形成3000～4000米深的大峡谷，河水奔流，势如飞瀑，蕴藏着巨大的水力资源。喜马拉雅山连绵成群的高峰挡住了从印度洋上吹来的湿润气流。因此，喜马拉雅山的南坡雨量充沛，植被茂盛，而北坡的雨量较少，植被稀疏，形成鲜明的对比。随着山地高度的增加，高山地区的自然景象也不断变化，形成明显的垂直自然带。

独特的气候

喜马拉雅山脉作为一个影响空气和水的大循环系统的气候大分界线，对于南面的印度次大陆和北面的中亚高地的气象状况具有决定性的影响。由于位置和令人惊叹的高度，大喜马拉雅山脉在冬季阻挡来自北方的大陆冷空气流入印度，同时迫使（带雨的）西南季风在穿越山脉向北移动之前捐弃自己的大部水分，从而造成印度一侧的巨大降水量（雨雪兼有）和西藏的干燥状况。南坡年平均降雨量因地而异，在西喜马拉雅的西姆拉（Shimla）和马苏里（Mussoorie）为1530毫米，在东喜马拉雅的大吉岭则达3048毫米。而在大喜马拉雅山脉以北，在诸如印度河谷的查谟和克什米尔地带的斯卡都（Skardu）、吉尔吉特（Gilgit）和列城（Leh），只有76~152毫米的降雨量。

当地地形和位置决定气象的变化，不仅在喜马拉雅山脉的不同地方气候不齐，甚至就是在同一山脉的不同坡向也有差异。例如，马苏里城在面对台拉登（Dehra Dun）的马苏里山脉之巅，高度约为1859米，由于这一有利位置，年降雨量为2337毫米，而西姆拉城在其西北一系列高度为2022米的山岭之后约145千米的地方，记录到的年降雨量为1575毫米。东喜马拉雅山脉比西喜马拉雅山脉纬度低，较为温暖；记录到的最低温度在西姆拉，为-25℃。5月份平均最低温度，在大吉岭1945米的高度记录到的是11℃。同月，在邻埃佛勒斯峰近5029米的高度，最低温度约为-8℃；在5944米，气温降到-22℃，最低温度为-29℃；白天，在能避开时速超过161千米的强风的地区，即使在这样的高度，太阳也多是和煦温暖的。

南坡从海拔仅2000多米的河谷上升到8000多米的山峰，河谷的水平距离不过几十千米，自然景象却迅速更替：低处温暖湿润，常绿阔叶林生长得郁郁葱葱，形成常绿阔叶林带；海拔升高，气温递减，喜温的常绿阔叶树逐渐减少，以至消失，而耐寒的针叶树则渐增加，在2000米以上为针叶林带；再往高处，热量不足，树木生长困难，由灌丛代替森林，出现灌丛带；在4500米以上为高山草甸带；5300米以上为高山寒漠带；更高处为高山永久积雪带。北坡气候干寒，降水量少，自然景观的垂直分布的层次也比南坡少得多。

南坡雪线比北坡低，雪线高低的影响因素有两个：一是温度，即阴坡阳坡的问题，阳坡温度高，雪线高，阴坡温度低，雪线低；二是降水量，即迎风坡背风坡的问题，迎风坡降水量大，雪线低，背风坡降水量小，雪线高（降雪速度与融雪速度的问题）。两个因素哪个影响为主很难区分，但现在见到的问题基本上是降水量的影响要大于温度的影响，即迎风坡背风坡的问题大于阴坡阳坡的问题。例如：喜马拉雅山南坡是阳坡，应该雪线高，但南坡也是迎风坡，所以雪线应该高，出现矛盾，但实际上南坡雪线低，因而说明迎风坡背风坡的问题大于阴坡阳坡的问题。判断雪线高低应以此为准。

庞大的水系

喜马拉雅山脉由19条主要河流排水，其中以印度河与布拉马普得拉河为最大，各拥有约259 000平方千米的山地汇水面积。在其他河流中，有5条属于印度河水系——杰赫勒姆（Jhelum）河、杰纳布（Chenab）河、拉维（Ravi）河、贝阿斯（Beas）河，以及苏特莱杰（Sutlej）河——总汇水面积约为132 090平方千米；9条属于恒河水系——恒河、亚穆纳（Yamuna）河、拉姆甘加（Ramganga）河、卡利河（Kali）、萨尔达河（Sarda）、卡尔纳利（Karnali）河、拉普提（Rapti）河、根德格（Gandak）河、巴格马蒂（Baghmati）河，以及戈西（Kosi）河——疏泄另外217 560平方千米汇水面积；还有3条河属于布拉马普得拉河水系——蒂斯塔（Tista）河、赖达克（Raidak）河，以及马纳斯（Manas）河——疏泄183 890平方千米汇水面积。

巨大山脉的形成过程

据地质考察证实，早在20亿年前，现在的喜马拉雅山脉的广大地区是一片汪洋大海，称为古地中海。它经历了整个漫长的地质时期，一直持续到距今3000万年前的新生代早第三纪末期。那时，这个地区的地壳运动，总的趋势是连续下降。在下降过程中，海盆里堆积了厚达30 000余米的海相沉积岩层。到早第三纪末期，地壳发生了一次强烈的造山运动，在地质上称为"喜马拉雅运动"，使这一地区逐渐隆起，形成了世界上最雄伟的山脉。经地质考察证明，喜马拉雅的构造运动至今尚未结束，仅在第四纪冰期之后，它又升高了1300~1500米。现在还在缓缓地上升之中。

喜马拉雅山脉是从阿尔卑斯山脉到东南亚山脉这一连串欧亚大陆山脉的组成部分，所有这些山脉都是在过去6500万年间由造成地壳巨大隆起的环球板块构造力形成的。

大约18 000万年以前，在侏罗纪，一条深深的地槽——特提斯洋——与整个欧亚大陆的南缘交界，古老的贡德瓦纳超级大陆开始解体。贡德瓦纳的碎块之一，形成印度次大陆的岩石圈板块，在随后的13 000万年间向北运动，与欧亚板块发生碰撞；印度—澳大利亚板块逐渐将特提斯地槽局限于自身与欧亚板块之间的巨钳之内。

在其后的3000万年间，由于特提斯洋海底被向前猛冲的印—澳板块推动起来，较浅部分逐渐干涸，形成西藏高原。在高原的南缘，边际山脉（今外喜马拉雅山脉）成为这一地区的首要分水岭并升高到足以成为气候屏障。

只是在过去的60万年间，在更新世（160万到1万年以前），喜马拉雅山脉才成为地球上的最高山脉。

大喜马拉雅山脉一旦成为气候屏障，北面的边际山脉便被剥夺了雨，变得就像西藏高原一样干燥。

整个山系的中枢是大喜马拉雅山脉，高出永久雪线之上。山脉在尼泊尔达到最大高度；世界上14座最高山峰中的9座在该山脉，每座的高度都超过了7925米。它们从西到东依次是道拉吉里峰（Dhaulagiri）、安纳布尔纳峰（Annapurna)、马纳斯卢峰（Manaslu）、丘奥禹（Cho Oyu）峰、加亚宗坎峰（Gyachung Kang）、埃佛勒斯峰、洛子峰（Lhotse）、马卡鲁峰（Makalu）和干城章嘉峰（Kanchenjunga I）。

中国地处欧亚板块东南部，为印度洋板块、太平洋板块所夹峙。自早第三纪以来，各个板块相互碰撞，对中国现代地貌格局和演变发生重要影响。自始新世以来，印度洋板块向北俯冲，产生强大的南北向挤压力，致使青藏高原快速隆起，形成喜马拉雅山地，这次构造运动称为喜马拉雅运动。喜马拉雅运动分早、晚两期，早喜马拉雅运动，印度洋板块与亚洲大陆之间沿雅鲁藏布江缝合线发生强烈碰撞。喜马拉雅地槽封闭褶皱成陆，使印度大陆与亚洲大陆合并相连。与此同时，中国东部与太平洋板块之间则发生张裂，海盆下沉，使中国大陆东部边缘开始进入边缘海—岛屿发展阶段。尤其重要的是发生于上新世—更新世的晚喜马拉雅运动。在亚欧板块、太平洋板块、印度洋板块三大板块的相互作用下，发生了强烈的差异性升降运动，全国地势出现了大规模的高低分异。差异运动的强度自东向西由弱变强。由于印度洋不断扩张，推动着刚硬的印度洋板块，沿雅鲁藏布江缝合线向亚洲大陆南缘俯冲挤压，使喜马拉雅山和青藏高原大幅度抬升。这种以小的倾角俯冲于亚欧板块之下的印度洋板块持续向北的强大挤压力，在北部遇到固结历史悠久的刚性地块（塔里木、中朝、扬子）的抵抗，产生强大的反作用力，使构造作用力高度集中，引起地壳的重叠，上地幔物质运动的加强和深层及表层构造运动的激化，导致地壳急剧加厚，促使地表大面积大幅度急剧抬升，于是形成雄伟的青藏高原，构成我国地形的第一级阶梯。

地球流量最大的河流

亚马孙河全长6751千米，横贯巴西西北部，在巴西流域面积达390万平方千米。世界第一长河，世界上流量最大、流域面积最广的河。从秘鲁的乌卡亚利—阿普里马克（Ucayali-Apurimac）水系发源地起，全长约6751千米，它最西端的发源地是距太平洋不到160千米高耸的安第斯山，入海口在大西洋。

亚马孙河位于南美洲北部，是世界上流域面积最广，流量最大的河流。发源于秘鲁境内安第斯山脉科迪勒拉山系的东坡，有两支河源：一支为马拉尼翁河（Maranon，通常以该河作为亚马孙河的正源），发源于秘鲁境内安第斯山高山区；另一支为乌卡亚利（Ucayali）河，该河源头名叫阿普里马克（Apunmac）河。马拉尼翁河及乌卡亚利河穿过崇山峻岭后在秘鲁的瑙塔（Nauta）附近汇合。亚马孙河干支流蜿蜒流经南美洲7个国家。亚马孙河从秘鲁的伊基托斯（Iquitos）至巴西的马瑙斯（Manaus）叫索利默伊斯（Solimoes）河，内格罗河河口至大西洋段才称亚马孙河。亚马孙河向东奔流横穿巴西的北部，于马拉若岛附近注入大西洋。

辽阔的亚马孙河流域是拉丁美洲最大的低地，面积约600万平方千米，几乎是尼罗河流域的两倍。亚马孙河流域，南北最宽处约为2776千米。包括巴西和秘鲁的大部分、哥伦比亚、厄瓜多尔和玻利维亚的一部分以及委内瑞拉的一小部分，主流的约2/3和流域的绝大部分在巴西境内。据测算亚马孙河的流量占地球表面全部流水的1/5，河口处平均流量约为175 000立方米/秒，为密西西比河的10倍以上，大量淡水使远至距海岸160千米以上的海域内的海水中的盐分被稀释。

亚马孙河流域不是一个无垠的沼泽，虽然有大片低地年年泛滥，但大部分土地是丘陵起伏的"永久性陆地"（terra firme），远超出洪水的水位。流域内生长着莽莽热带雨林，是世界最大的生物资源宝库。

第一个到亚马孙探险的欧洲人是西班牙士兵奥雷利亚纳（Francisco de Orellana）。据说他在报告与部落女勇士激战时把她们比作希腊神话中的亚马孙，于是给这条河取名亚马孙。虽然在习惯上亚马孙是指整个河流，但是按秘鲁和巴西的命名法它只适用于某些河段。在秘鲁，主流的上游到伊基托斯称为马拉尼翁（Maranon）河，从伊基托斯到大西洋称为亚马孙河；在巴西，从伊基托斯到内格罗河河口称为索利蒙伊斯（Solimoes）河，从内格罗河到入海口称为亚马孙河。

玻利维亚南部的马代拉（Madeira）河河源（约南纬20°），西起厄瓜多尔昆卡（Cuenca）的保特（Paute）河河源（西经79°31′），东至巴西的马拉若湾（西经约48°），整个流域跨纬度25°、经度31°30′，流域面积达691.5万平方千米，约占整个南美洲面积的39%，其中干流穿越的亚马孙平原面积达560万平方千米，是世界上最大的平原。亚马孙河若以马拉尼翁河为源，全长6299千米，若以乌卡亚利河为源，全长6436千米，仅次于尼罗河，居世界第二。河口多年平均流量17.5万立方米/秒，年均径流量69 300亿立方米，年平均径流深度1200毫米，悬移质含沙量为0.22千克/立方米，输沙量为9亿吨。丰水年时，中游马瑙斯附近河宽5千米，下游宽20千米，河口段宽80千米，河口呈喇叭形海湾，宽240千米。下游河槽平均深为20～50米，最大水深100米，水位年变幅为9米。上游伊基托斯年均流量20 420～28 200立方米/秒。从伊基托斯至入海口，亚马孙河的平均坡度为0.035米/千米。

亚马孙河长度约为6751千米，为世界第一长河。在南美洲北部。据估计，所有在地球表面流动的水有20%～25%在亚马孙河。河口宽达240千米，泛滥期流量达每秒18万立方米，是密西西比河的10倍。泻水量如此之大，使距岸边160千米内的海水变淡。已知支流有1000多条，其中7条长度超过1600千米。20条超过1000千米。

由发源于秘鲁安第斯山的乌卡亚利河与马拉尼翁河汇合而成,向东流贯巴西北部,在马拉若岛附近注入大西洋。全长6437千米(以乌卡亚利河源起算)。支流长度在1000千米以上的有20多条。流域面积622万平方千米,约占南美大陆面积的35%,包括巴西、玻利维亚、秘鲁、哥伦比亚、厄瓜多尔、委内瑞拉等国大部或部分领土。流域内大部分地区为热带雨林气候,年雨量2000毫米以上。水量终年充沛,河口年平均流量为22万立方米/秒,洪水期流量可达28万立方米/秒以上,为世界流域面积最广、水量最大的河流。上源地区山高谷深,坡陡流急,平均比降约5.2‰。进入平原后比降微小。中下游平均流速为0.7~1.7米/秒。水深河宽,巴西境内河深大部分在45米以上,马瑙斯附近深达99米。下游河宽达20~80千米,河口呈喇叭状,宽240千米,浅滩沙洲罗列。海潮可涌至河口以上960千米的奥比多斯。干流有5000多千米可全年通航,吃水5~6米的海轮可自河口上溯3700千米至秘鲁的伊基托斯;全水系内可供通航的河道长度达3万千米(正常水位)。水力资源也相当丰富,但尚未充分开发。亚马孙河沉积下的肥沃淤泥滋养了65 000平方千米的地区,它的流域面积约705万平方千米,几乎是世界上任何其他大河流域的两倍。著名的亚马孙热带雨林就生长在亚马孙河流域。这里同时还是世界上面积最大的平原(面积达560万平方千米)。平原地势低平坦荡,大部分在海拔150米以下,因而这里河流蜿蜒曲流,湖沼众多。多雨、潮湿及持续高温是其显著的气候特点。这里蕴藏着世界最丰富多样的生物资源,各种生物多达数百万种。

亚马孙河流域的地质地貌

亚马孙河流域西高东低,南高北低。上游源头为安第斯山脉及太平洋沿海冲积系统,海拔在3000米以上;干流两岸多为200米以下的安第斯山冲积层和内陆冲积层。往北为圭亚那高原(海拔300~400米),往南则为巴西高原(海拔300~1500米)。亚马孙河流域是一个巨大的洼地,在新生代以前为一下陷的深海槽,后来被大量的沉积物充填。这块在亚马孙河上游作裙形展开的巨大面积的洼地。位于两个古老而不太高的结晶质高原之间:北面是崎岖的圭亚那高原，南面是较低的巴西高原。在上新世亚马孙河流域为一巨大的淡水湖，在更新世某个时期向大西洋决口，大河及其支流深深揳入上新世的湖底。现在的亚马孙河及其支流有一大片被淹没的谷地。更新世冰河融化，海平面升高，峻峭的峡谷在海平面较低时已被侵蚀为上新世地表，此时完全被淹没。流域的古代沉积物地面就是永久性陆地的土壤，大部分亚马孙雨林便在这种土壤上发育起来。在流域的上游（秘鲁的东部和玻利维亚），后来从安第斯山脉冲刷下来的沉积物覆盖了古代的地表。

水文现象

在奥比杜斯（Obidos）峡谷，河水受到限制，亚马孙河宽仅1.6千米多。在中等水位以下河道的平均深度为61米余，在巴西境内大部分河段深度超过46米。从贝伦溯流而上有几处水深的记录达到91米以上。但在秘鲁的边界距大西洋约3219千米处的海拔高度不足91米。在欣古河口的上游，无河心岛屿的永久河床的最大宽度为13.6千米；在洪峰期间，当蓄洪区蓄满洪水时的河面宽度扩大到56千米或更多。亚马孙河每小时的平均流速约2.4千米，在河水泛滥时流速大为增加。

由于在整个流域内全年雨季的时间不一致，亚马孙河的上游每年有两次汛期，并交替受到发源于秘鲁安第斯山脉的支流和发源于厄瓜多尔安第斯山脉的支流的影响，前者的雨季为10月至次年1月，后者的雨季为3月至次年7月。这种交替影响到下游很远的河段方才消失，两次汛期逐渐融合为单一的汛期。因此，从11月至次年7月下游的河水缓慢上涨，达到高峰，然后回落，直到10月末为止。有的地方汛期的水位比枯水季节的水位高12～15米。以4个大致等距离的地点为例,在伊基托斯高6米,特费(Tefe)高14米,奥比杜斯高11米,贝伦高4米。内格罗河水在2或3月雨季开始后上涨,6月达到高峰,然后开始与亚马孙河一同回落。

上千年来亚马孙河不受限制地蜿蜒于辽阔的洪泛区,出现一系列河曲瘢痕、牛轭湖和近来废弃的故道。当淤泥和沉积物一旦足以降低河道主流的流速时,在洪峰期河水将溢出现在的天然河堤,冲刷出一条新河道。同样,新河道在几年或几十年内不断淤积,河流又会再次改道。尽管如此,大部分河段内河水是沿着笔直的河道而流的。但在每一次洪水季节仍不断有沉积物再次充填由河水冲刷出的宽阔河谷,并有大量的淤泥淤积于沉降盆地内。与河水的流量相比,洪泛区的范围不算很大。淤积区一般宽19~48千米,周围为陡峭的悬崖。这些悬崖受到河水猛烈冲刷的地方,产生"陷落的土地"。

亚马孙河的所谓黑水诸支流——包括欣古河、塔帕若斯(Tapajos)河、内格罗河、特费河及特龙贝塔斯(Trombetas)河——很少或者没有淤泥,部分原因是发源地的土质为白沙土。塔帕若斯河及欣古河的河水呈浅碧玉色,因为它们同内格罗河一样不能大量溶解腐殖物。在这些支流注入主流处因河水受到阻塞形成淡水湖,其形状、宽度和深度类似海上溺湾(漏斗形河口湾)。

海潮涨落的影响通常抵达距入海口约966千米的奥比杜斯峡谷。一种称为波罗罗卡(pororoca)的激潮有时于春潮之前出现在河口湾,来势汹涌,水位不断上升,以每小时16~24千米的速度向上游涌进,一面1.5~4.5米高的势不可挡的水墙展开在主流及支流的浅水面之上。在这种情况下,亚马孙河不可能形成三角洲。河流每天注入海洋的沉积物估计有1500万吨,大部分被沿岸洋流向北冲走,沉淀在圭亚那地区的沿海。一群时隐时现的岛屿和浅沙滩,已在从北角(Cape Norte)稍北处向南并向内陆到沿亚马孙河口湾的北缘为止的长160千米沿海地带出现。

亚马孙河流域均处在赤道附近,气候炎热潮湿,雨量充沛,年平均温度25~27℃,年均降水量多在1500~2500毫米。属于热带雨林气候,是世界上最大的热带雨林分布地区。流域降水季节分布比较均匀,干流水量在不同时期均得到补偿,终年丰沛,季节变化较小。每年注入大西洋的水量达69 300亿立方米,为全世界河流注入海洋总水量的1/11。河口平均流量为17.5万立方米/秒,洪水期最大流量在22万立方米/秒以上，枯水期最小流量也大于2万立方米/秒。河道最低水位与最高水位之间的水位变幅超过20米。由于亚马孙河的干流和右岸支流均位于赤道以南，所以河水流量的变化主要取决于右岸支流，赤道以北的左岸支流只对于巍洪水期的形成起促进作用，对枯水期的水量起补偿作用。因赤道南北雨季不同，所以亚马孙河流域每年有两次大洪水，高洪期发生于3~6月，最高水位发生在6月，其洪峰流量占全年总流量的40%，次洪期出现于10~11月；而6~9月则为枯水期，枯水期流量占全年总流量的14%。

亚马孙河流域地势低平，河流比降较小（约为1厘米/千米），流速较慢，一到洪水季节，洪水宣泄不畅，水位可高出平均水位10~15米，大水淹没中下游洪泛区（面积大约5万平方千米）两岸80~250千米宽的平地，时间长达数月之久，呈现一片汪洋。平水时，中游马瑙斯附近的河宽也在5千米以上，下游宽20千米，河口段宽80千米。因此，亚马孙河又有"河海"之称。

亚马孙河河口地区，由于近期下沉作用的影响，河水带入海洋的泥沙被沿岸海浪冲走，所以未出现三角洲，河口呈喇叭形海湾，宽达320千米，为海潮上溯提供了有利条件，每当大西洋海潮入侵时，海水逆流而上，堵截了顺流而下的河水，形成1.5~2.44米（有时高达4米）的潮头，潮水之大有时还能深入距河口965.6千米的奥比多斯。大潮时，常形成5米高的水墙逆流而上，其声传至数千米之外，气势磅礴，景色壮观，当地人称之为"亚马奴"。

亚马孙河本身及其发源于安第斯山脉的大多数支流，由于河水挟带着大量的泥沙，且泥土中含有丰富的可溶性营养物，故河水呈白色略带淡黄。而发源于亚马孙河流域北部地质年代十分古老的内格罗河，其水色呈黑里透红（微红），并显强酸性（pH为5.1）。当内格罗河在马瑙斯附近汇入亚马孙河后，一白、一黑的两支水流并排下流约80千米，黑白分明，互不掺混。发源于巴西高原上远古岩层中的支流（如塔帕若斯河、欣古河），河水则是清澈的。

发源于安第斯山脉的河流，其悬移质浓度最高（一般大于0.2千克/立方米），说明这些河流容易受冲刷的影响，被称为白水河。发源于高原地区和大陆冲积层的黑水河和清水河，其悬移质泥沙含量最低（小于0.02千克/立方米，如内格罗河）。主要发源于安第斯冲积层的河流以及上游海拔较高、坡度较小的河流，其悬移质浓度为中等（0.05～0.1千克/立方米，如普鲁斯河、雅普那河）。亚马孙河的悬移质分布季节性特别强，其原因在于亚马孙河各支流中泥沙的沉积与重新移动和周期不同。亚马孙河每年携带入海的泥沙量约3.62亿吨，在远离河口300千米的大西洋上，还可以看到黄浊的水流。每年亚马孙河流域降水总量149 000亿立方米（或降雨深度2150毫米），其中111 500亿立方米为来自流域外部（主要来自大西洋一侧）的水汽；来自流域内的水蒸气（即局部水循环）占23%（34 000亿立方米）。降水量中大约一半（73 300亿立方米，占49.2%）通过蒸发又回到大气之中；约69 300亿立方米（占46.5%）的径流流入大西洋，其余的6400亿立方米（占4.3%）则包括渗漏损失（地下水补给）以及决定水量平衡诸要素的误差。

亚马孙河流域的气候温暖、潮湿和多雨。在赤道（位于亚马孙河的北面不远）附近昼长和夜长相等。夜间常常晴空无云，有利于将昼间12小时内接受太阳的热量较快地辐射出去。昼间与午夜之间的温差比最温暖的月份与最凉爽的月份之间的温差大，因此夜间便是亚马孙河流域的冬天。在马瑙斯日平均高温为32℃，平均低温为24℃。偶尔也出现较冷的时期，特别是在南半球的冬季，当特别强大的气团从极地向北横扫亚马孙河流域，使温度急剧下降时。在每年的任何时候，几天大雨之后接着是晴朗的天气，夜间凉爽，湿度较低。在下游地区，一年内大部分时间有凉爽的信风吹来。

对该地区气候来说，降水量比温度更为重要。从大西洋吹来的充满水汽的风横越南美洲，当到达安第斯山脉的东坡时被迫上升；这样，空气被冷却，并通过冷凝作用失去水分，其结果是大雨滂沱，汇集成大江大河从安第斯山脉向东流去，并形成如此广大的亚马孙河水系。在低地的上空，大面积的对流暴风雨产生很大降水量。

根据降雨情况不同，亚马孙地区可分为三种气候类型：

第一种发生在亚马孙河口区和流域的西部，年平均降水量超过2000毫米，全年雨量分布很均匀；有些年份降水量可超过正常降水量一倍，在另一些年份可久旱不雨。

第二种类型包括亚马孙大部分地区，有一个季度降水量特别少，但还没有严重到影响植物生长的程度。

第三种类型包括沿亚马孙流域南缘的地区，气候渐次变化为巴西中西部的气候，在南半球的冬季有一个更为明显的旱季。

旱季盛行风向为东北偏东到东南偏东之间的风，7、8月为和风，但在旱季的其余时间内当阵风有时达到十分强劲时为疾风。这个季节是游人溯流而上或泛舟顺流而下的最佳时间。

流经国家最多的河流

多瑙河在欧洲仅次于伏尔加河，是欧洲第二长河，被人赞美为"蓝色的多瑙河"，像一条蓝色飘带蜿蜒在欧洲大地上。它发源于德国西南部的黑林山的东坡，自西向东流经奥地利、斯洛伐克、匈牙利、克罗地亚、塞尔维亚、保加利亚、罗马尼亚、摩尔多瓦、乌克兰，在乌克兰中南部注入黑海。它流经10个国家，是世界上干流流经国家最多的河流。支流延伸至瑞士、波兰、意大利、波斯尼亚—黑塞哥维那、捷克以及斯洛文尼亚、摩尔多瓦等7国，最后在罗马尼

行星大探秘

亚东部的苏利纳注入黑海，全长 2850 千米，流域面积 81.7 万平方千米，河口年平均流量 6430 立方米/秒，多年平均径流量 2030 亿立方米。流域地理位置为东经 8°09′~29°51′，北纬 42°04′~50°11′。

多瑙河干流从河源至布拉迪斯拉发附近的匈牙利门为上游，长约 965.6 千米（从乌尔姆至匈牙利门，长度为 708 千米，落差 334 米）；从匈牙利门至铁门峡为中游，长约 954 千米，落差 94 米；铁门峡以下为下游，长约 930 千米，落差 38 米。

多瑙河是继伏尔加河之后的欧洲第二最长河流。它起源于德国西南部黑森林，流至黑海的河口，长约 2850 千米，中经 10 个国家。

多瑙河在中欧和东南欧的拓居移民和政治变革方面都发挥过极其重要的作用。它两岸排列的城堡和要塞形成了伟大帝国之间的疆界；而其水道却充当了各国间的商业通衢。在 20 世纪，它仍继续发挥作为贸易大动脉的作用。多瑙河（特别是上游沿岸）已被利用生产水电，沿岸城市（包括一些国家首都，如奥地利的维也纳、斯洛伐克的布拉迪斯拉发、匈牙利的布达佩斯和塞尔维亚的贝尔格勒）都靠它发展经济。

多变的颜色

有人做过统计，它的河水在一年中要变换 8 种颜色：6 天是棕色的，55 天是浊黄色的，38 天是浊绿色的，49 天是鲜绿色的，47 天是草绿色的，24 天是铁青色的，109 天是宝石绿色的，37 天是深绿色的。

多瑙河的上游流域

从河源到匈牙利门（西喀尔巴阡山脉和奥地利阿尔卑斯山脉之间的峡谷）为上游，长约966千米。它的源头有布列盖河与布里加哈河两条小河，从茂密森林中跌宕而出，沿巴伐利亚高原北部，经阿尔卑斯山脉和捷克高原之间的丘陵地带流入维也纳盆地。上游流经崎岖的山区，河道狭窄，河谷幽深，两岸多峭壁，水中多急流险滩，是一段典型的山地河流。上游的支流有因河、累赫河、伊扎尔河等，河水主要依靠山地冰川和积雪补给，冬季水位最低，暮春盛夏冰融雪化，水量迅速增加，一般，6～7月份达到最高峰。上游水位涨落幅度较大，例如，乌尔姆附近的平均枯水期流量仅有40立方米/秒，而洪水期流量平均竟达480立方米/秒以上。在这段河流上，还有多瑙河上游最大的城市——累根斯堡。累根斯堡是座美丽无比的城市，它到处是古老的教堂、达官贵人的邸宅和备有佳肴美酒的古老酒肆。现在机器制造、电子工业也初具规模。

蓝色的多瑙河缓缓穿过奥地利的首都维也纳市区。这座具有悠久历史的古老城市，山清水秀，风景绮丽，优美的维也纳森林伸展在市区的西郊，郁郁葱葱，绿阴蔽日。每年这里要举行丰富多彩的音乐节。

漫步维也纳街头或小憩公园座椅，人们几乎到处都可以听到优美的华尔兹圆舞曲，看到一座座栩栩如生的音乐家雕像。维也纳的许多街道、公园、剧院、会议厅等，都是用音乐家的名字命名的。因此，维也纳一直享有"世界音乐名城"的盛誉。

站在城市西北的卡伦山上眺望，淡淡的薄雾使它蒙上了一层轻纱，城内阳光下闪闪发光的古老皇宫、议会、府第的圆顶和圣斯丹芬等教堂的尖顶，好像它头上的珠饰，多瑙河恰如束在腰里的玉带，加上苍翠欲滴连绵的维也纳森林，使人们想起在这里孕育的音乐家、诗人……他们著名的乐曲仿佛又在耳边回响。

多瑙河的中游流域

从"匈牙利门"到铁门为中游，长约 914 千米。它流经多瑙河中游平原，河谷较宽，河道曲折，有许多河汊和牛轭湖点缀其间，接纳了德拉瓦河、蒂萨河、萨瓦河和摩拉瓦河等支流，水量猛增 1.5 倍。中游地区河段最大流量出现在春末夏初，而夏末秋初水位下降。随后，多瑙河切穿喀尔巴阡山脉形成壮丽险峻的卡特拉克塔峡谷。

卡特拉克塔峡谷从西端的腊姆到东端的克拉多伏，包括卡桑峡、铁门峡等一系列峡谷，全长 144 千米，首尾水位差近 30 米。峡谷内多瑙河最窄处约 100 米，仅及入峡前河宽的 1/6，而平均深度则由 4 米增至 50 米。陡崖壁立，水争一门，河水滚滚，奔腾咆哮，成为多瑙河著名天险，并蕴藏着巨大的水力资源。罗马尼亚和南斯拉夫两国合作，于 1972 年在铁门峡胜利建成水利枢纽工程，装机容量为 210 万千瓦。1976 年罗、南两国决定建设第二座铁门水电站。铁门二号水电站，坐落在一号水电站下游 80 千米的地方，其中第一台机组已于 1985 年 4 月 12 日开始发电。

在多瑙河中游斯洛伐克境内这一段，由于地势低洼而形成内陆三角洲，河道宽而浅，有些地段涉水可过，一年只能通航 5 个月。而在汛期，河水又会左奔右突，给两岸居民的生命财产造成严重威胁。为此，早在 20 世纪 50 年代，捷克斯洛伐克和匈牙利就一起商议过如何驯服这条美丽而又任性的大河，并于 1977 年签定了合作兴建水利工程的条约。从那时起，捷克和斯洛伐克人民，在匈牙利的协助下，经过艰苦努力，费时 14 年，耗资 8 亿美元，于 1992 年建成了加布奇科沃水利工程，主要包括上游长约25千米、原设计总容量近两亿立方米的水库，总长约两千米旧河道拦河堤坝，把河水从旧河道引至斯洛伐克领土上长17千米、宽267~737米的引水运河，装机容量72万千瓦的水电站和两条各通过约1.4万吨级船队的航道，把水再引回旧河道8千米多宽的排水运河。这项在多瑙河上进行的大型水利工程被称为"第三个年工程"。斯洛伐克这一水利工程竣工3年后，在防洪、发电、航运、供水、灌溉等诸方面发挥了显著效益，并使其成为旅游热点。

多瑙河中游平原，是匈牙利和塞尔维亚两国重要的农业区，素有"谷仓"之称。多瑙河中游流经地区，都是各国的经济中心，其重要城市有布拉迪斯拉发、布达佩斯和贝尔格莱德等。

布拉迪斯拉发，位于摩拉瓦河与多瑙河汇合处，自古以来就是北欧与南欧之间的重要商道，所以古罗马时此地就是要塞。

现在，布拉迪斯拉发是斯洛伐克地区的政治、经济中心。有造船、化工、机器制造、纺织等工业。此外，还是多瑙河航线上最大的港口之一。

布达佩斯，被称为"多瑙河上的明珠"。它是由西岸的布达和东岸的佩斯两座城市，通达多瑙河上8座美丽的桥连为一体的。城内许多古迹多建于城堡山。城堡山是面临多瑙河的一片海拔160米的高岗，13世纪时修建的城堡围墙至今保存完好。著名的渔人堡，是一座尖塔式建筑，结构简练，风格古朴素雅。游人可以站在渔人堡的围墙上，欣赏多瑙河上的美景和佩斯的风光。

矗立在多瑙河畔宏伟的匈牙利国会大厦，高90多米，金碧辉煌，两旁有两座用白石镂空挺拔俏丽的高塔，美丽异常，内部装饰富丽堂皇。在四壁上嵌满匈牙利历代皇帝的雕像，千姿百态，巧夺天工，充分显示了匈牙利人民的才智，是匈牙利国家的象征。

人们说，多瑙河是布达佩斯的灵魂，而布达佩斯是匈牙利的骄傲。踏上这座古城，既可以欣赏到迷人的风光，又可以领略到历史的变迁。

塞尔维亚首都贝尔格莱德是个美丽的城市，它坐落在多瑙河与萨瓦河交汇处，碧波粼粼的多瑙河穿过市区，把城市一分为二。贝尔格莱德，意思是"白色之城"。贝尔格莱德附近是多瑙河中游平原的一部分，是全国最大的农业区，素有"谷仓"之称。本区生产了全国2/3的小麦和玉米，同时，还是全国甜菜、向日葵和水果的重要产地。贝尔格莱德是塞尔维亚最重要的工业中心和水、陆、空交通枢纽，是全国机械制造中心。

多瑙河的下游流域

铁门以下至入海口为下游。这里流经多瑙河下游平原，河谷宽阔，水流平稳，接近河口时宽度扩展到15~20千米，有的地段可达28千米之多。多瑙河流到土耳恰城附近分成基利亚河、苏利纳河、格奥尔基也夫三条支流，冲积成面积约4300平方千米的扇形三角洲。

在6万年以前，三角洲地区还是碧波万顷的海湾。由于多瑙河每年挟来大量泥沙，年复一年地在此堆积，形成现在无数的水道流经芦苇中，或穿过漂浮着睡莲的神秘大湖之间，把坐落在它们之间的村庄、渔场、农田、菜园……联结起来，构成一个神奇的世界。

富饶的三角洲，2/3以上的地区生长着茂密的芦苇，年产芦苇300多万吨，约占世界总产量的1/3。由于芦苇全身是宝，如果把三角洲芦苇充分利用，每人每年可得约30千克的人造纤维和10千克以上的纸，所以被罗马尼亚人亲切地称为"沙沙作响的黄金"。

多瑙河三角洲，还是"鸟类的天堂"。这里是欧、亚、非三大洲来自五条道路候鸟的会合地，也是欧洲飞禽和水鸟最多的地方。这里经常聚集着300多种鸟类。各路鸟群在此聚会，形成热闹非凡而又繁华壮丽的景象。

三角洲上，由于有奇特的地理现象——浮岛，有名目繁多的植物、鱼类、鸟类和动物，所以，科学家们又称它为"欧洲最大的地质、生物实验室"。

多瑙河的地貌

多瑙河流域位于中欧东南部，三面环山。西部有黑林山，南部由西至东有阿尔卑斯山、韦莱比特山、迪纳拉山、老山以及巴尔干山；北部自西至东有捷克林山、舒马瓦山、苏台德山和喀尔巴阡山；东面临黑海。

河源处有两条河，即布雷格河和布里加赫河，均发源于德国黑林山的东坡，海拔高程分别为1010米和1125米。过两河的汇合点多瑙厄申根后，多瑙河流向东北。从乌尔姆至帕绍，多瑙河穿过巴伐利亚高原北侧，其间在因戈尔施塔特至雷根斯堡河段，多瑙河横切施瓦本——弗兰克山，河谷狭深。河道过雷根斯堡后转向东南流，从帕绍至奥地利的林茨，穿越阿尔卑斯山脉北坡与捷克高原之间的丘陵地带，形成典型的山地河流，河谷变窄，滩多流急。过林茨后，河道改向东流，进入维也纳盆地，多瑙河从斯洛伐克布拉迪斯拉发附近的匈牙利门峡流出后，进入小匈牙利平原，河床变宽，流速减缓，河道分汊，绕过泥沙淤积而成的大、小许特岛（面积1901平方千米）。出科马诺，多瑙河进入维谢格拉德峡，然后河道转向南流，过布达佩斯进入大匈牙利平原，河流呈平原河流特征，河谷变宽，河床比降小，河道弯曲，常有河汊和牛轭湖。多瑙河从南斯拉夫贝尔格莱德转向东流，直冲南喀尔巴阡山。经过长年的切割，形成了壮丽险峻的卡特拉克塔（杰尔达普）峡谷，峡谷全长130千米，由4个峡谷组成。其中最著名的是铁门峡。峡谷河段首尾水位差30米，最窄处仅132米，最深处达82米。多瑙河出铁门峡后，进入下游平原，河谷宽阔，岸边有宽10～15千米的湖泊和沼泽带，河口三角洲长80千米，每年以24.38～30.5米的增长速度向黑海延伸，三角洲面积5640平方千米以上，在三角洲顶点（图耳甘）多瑙河分成三条汊河，即基利亚、苏利纳和斯芬图乔治，其入海流量分别占总量的66%、16%和18%。

多瑙河流域面积广大，约有817 000平方千米，内有影响其水源和水情的各种自然条件。这些自然条件有助于形成一个岔流多、稠密、水深的河网，内有支流约300条，其中30多条利于通航。整个多瑙河盆地，有一半以上由其右岸支流排水；这些支流汇集著来自阿尔卑斯山脉及其他山区的水，占多瑙河总流量或排水量的2/3。

多瑙河可分为3部分。上游自河源至奥地利阿尔卑斯山脉和西喀尔巴阡山脉之间、称为"匈牙利门"的奥地利瓦豪区内临多瑙河的葡萄园峡谷。中游自匈牙利门至南罗马尼亚喀尔巴阡山脉的铁门峡。下游自铁门至黑海的三角形河口湾。

上游发源于德国黑森林的东坡，开始时为名叫布雷格（Breg）和布里加赫（Brigach）的两条小溪。这两条源流在多瑙埃兴根（Donaueschingen）汇合，并通过北有士瓦本（Swabian）山和法兰克（Franconian）山、南有巴伐利亚高原的一条狭窄而怪石峥嵘的河床流向东北。

多瑙河在抵达其最北端雷根斯堡（Regensburg）时，转而向南流经广阔、肥沃而平坦的田野。就在它到达奥地利边境帕绍（Passau）前不远，河床变窄而底部多暗礁与浅滩。然后，多瑙河流经奥地利境内，切入波希米亚森林山坡，形成一条狭窄的河谷。为了改善航运，已在帕绍、林茨（Linz）和阿尔达格（Ardagger）附近建起拦河坝和防护堤。在帕绍，其上游最大的支流因河（Inn River）带来比主流还多的水，使多瑙河水猛涨。其他上游的主要支流有伊勒（Iller）河、莱希（Lech）河、伊萨尔（Isar）河、特劳恩（Traun）河、恩斯（Enns）河和摩拉瓦（Morava）河。

多瑙河中游酷似平地的河流，河岸低矮，河床宽达1.6千米以上。它仅有两段——在维谢格拉德峡（Visegrad Gorge，匈牙利）和铁门峡——流经狭窄而峻峭的峡谷。中游盆地呈现出两个主要特征：匈牙利大、小平原的平地，西喀尔巴阡山脉和外多瑙山脉的低峰。

多瑙河在斯洛伐克布拉迪斯拉发附近穿越匈牙利门峡谷后立即进入匈牙利小平原。在此水势突然趋缓并失去运送能力，以致大量沙砾沉积河底。河床升高给航运带来障碍并时而将河床分隔成两条或两条以上的岔流。在科马尔诺（Komarno）以东，多瑙河被挤压在西喀尔巴阡山脉和匈牙利外多瑙山脉的山麓丘陵之间进入维谢格拉德峡。峻峭的右岸之上有10—15世纪匈牙利阿尔帕德（Arpad）王朝的要塞、城堡和教堂。

而后，多瑙河流经布达佩斯，穿越浩瀚的匈牙利大平原，才抵达铁门峡。河床淤浅而多沼泽地，低矮的台地沿两岸伸展。河泥淤积而形成许多岛屿，如布达佩斯附近的切佩尔岛（Csepel Island）。在这一长段流域中，多瑙河接纳其主要支流德拉瓦河、提萨河和萨瓦河而水势大变。平均流量从布达佩斯以北的每秒235立方米增至铁门的5663立方米。这里河谷极其崔巍，水深而流速变化很大。过去由于铁门峡的湍流和暗礁不能通航，后来建成一条侧航道和平行铁路，这样便可拖拉船只逆强流而上。

出铁门峡后，下游流经广阔的平原；河道变得宽而浅，水流趋缓。右边，高陡的河岸之上伸展着保加利亚的多瑙平原台地。左岸为低矮的罗马尼亚平原，在平原与多瑙河干流之间隔着一条布满湖泊和沼泽的狭长地带。在这一段，支流较小，对多瑙河的总流量仅增加微弱。支流有奥尔特河、锡雷特河和普鲁特河。此处河道又有许多岛屿形成障碍。就在切尔纳沃德（Cernavoda）南边，多瑙河向北流至加拉茨（Galati），又突然折向东流。在离海约80千米的图尔恰（Tulcea）附近，它开始扩张成为三角洲。

多瑙河分为三股岔流，即基利亚（Chilia）河、苏利纳（Sulina）河和圣格奥尔基（Sfintu Gheorghe）河。仅岔流苏利纳河已疏浚、拉直，可以通航。在三股岔流之间有一些横七竖八、狭窄的长方形台地。多数台地宜种植并已被开垦，有些还长满高大的栎树林。生长在浅水滩中的大量芦苇，可用以造纸和制造纺织纤维。三角洲占地约4200平方千米，它的形成年代比较晚。约在6500年以前，三角洲还是黑海岸旁小小的浅水湾，后逐渐被河中淤泥填满；现在三角洲仍在按每年24～30米的速度向海延伸。

阿尔卑斯山

欧洲中南部大山脉，是一条不甚连贯的山系中的一小段，该山系自北非阿特拉斯延伸，穿过南欧和南亚，直到喜马拉雅山脉。阿尔卑斯山脉从亚热带地中海海岸法国的尼斯附近向北延伸至日内瓦湖，然后再向东—东北伸展至多瑙河上的维也纳。阿尔卑斯山脉遍及下列6个国家的部分地区：法国、意大利、瑞士、德国、奥地利和斯洛维尼亚；仅有瑞士和奥地利可算作是真正的阿尔卑斯型国家。阿尔卑斯山脉长约1200千米，最宽处201千米以上，是西欧自然地理区域中最显要的景观。

虽然阿尔卑斯山脉并不像其他第三纪时期隆起的山脉，如喜马拉雅山脉、安第斯山脉和落基山阿尔卑斯山脉等，那样高大，然而它对说明重大地理现象却很重要。阿尔卑斯山脊将欧洲隔离成几个区域，是许多欧洲大河（如隆河、莱茵河和波河）和多瑙河许多支流的发源地。从阿尔卑斯山脉流出的水最终注入北海、地中海、亚得里亚海和黑海。由于其弧一般的形状，阿尔卑斯山脉将欧洲西海岸的海洋性气候带与法国、意大利和西巴尔干诸国的地中海地区隔开。

经过多少世纪演变出来的与众不同的阿尔卑斯型畜牧经济，自19世纪以来已有改变，这里以当地原料和发展水电为基础已兴办起工业。阿尔卑斯山脉已经成为数百万欧洲人和其他世界各地观光客的夏季和冬季游乐场。阿尔卑斯山脉脆弱的自然和生态环境受到如此巨大的人流冲击，已成为世界上受威胁最严重的山脉之一。

阿尔卑斯山脉是欧洲最高大的山脉。位于欧洲南部。呈一弧形，东西延伸。长约1200多千米。平均海拔3000米左右，最高峰勃朗峰海拔4810米。山势雄伟，风景优美，许多高峰终年积雪。晶莹的雪峰、浓密的树林和清澈的山间流水共同组成了阿尔卑斯山脉迷人的风光。欧洲许多大河都发源于此。水力资源丰富，为旅游、度假、疗养胜地。

阿尔卑斯山脉的气候成为中欧温带大陆性气候和南欧亚热带气候的分界线。山地气候冬凉夏暖。大约每升高200米，温度下降1℃，在海拔2000米处年平均气温为0℃。整个阿尔卑斯山湿度很大。年降水量一般为1200~2000毫米。海拔3000米左右为最大降水带。边缘地区年降水量和山脉内部年降水量差异很大。海拔3200米以上为终年积雪区。阿尔卑斯山区常有焚风出现，引起冰雪迅速融化或雪崩而造成灾害。阿尔卑斯山脉是欧洲许多河流的发源地和分水岭。

多瑙河、莱茵河、波河、罗纳河都发源于此。山地河流上游，水流湍急，水力资源丰富，又有利于发电。

地 理 位 置

这条耸立在欧洲南部的著名山脉，西起法国东南部的尼斯附近地中海海岸，呈弧形向北、东延伸，经意大利北部、瑞士南部、列支敦士登、德国西南部，东止奥地利的维也纳盆地。总面积约22万平方千米。长约1200千米，宽120~200千米，东宽西窄。平均海拔3000米左右。

山脉主干向西南方向延伸为比利牛斯山脉，向南延伸为亚平宁山脉，向东南方向延伸为迪纳拉山脉，向东延伸为喀尔巴阡山脉。阿尔卑斯山脉可分为3段。西段西阿尔卑斯山从地中海岸，经法国东南部和意大利的西北部，到瑞士边境的大圣伯纳德山口附近，为山系最窄部分，也是高峰最集中的山段。在蓝天映衬下洁白如银的勃朗峰（4810米）是整个山脉的最高点，位于法国和意大利边界。中段中阿尔卑斯山，介于大圣伯纳德山口和博登湖之间，宽度最大。有马特峰（4479米）和蒙特罗莎峰（4634米）。东段东阿尔卑斯山在博登湖以东，海拔低于西、中两段阿尔卑斯山。

形成的原因

阿尔卑斯山脉是古地中海的一部分，早在1.8亿年前，由于板块运动，北大西洋扩张，南面的非洲板块向北面推进，古地中海下面的岩层受到挤压弯曲，向上拱起，由此造成的非洲和欧洲间相对运动形成的阿尔卑斯山系，其构造既年轻又复杂。阿尔卑斯造山运动时形成一种褶皱与断层相结合的大型构造推覆体，使一些巨大岩体被掀起移动数十千米，覆盖在其他岩体之上，形成了大型水平状的平卧褶皱。西阿尔卑斯山是这种推覆体构造的典型。

更新世时阿尔卑斯山脉是欧洲最大的山地冰川中心。山区为厚达1千米的冰盖所覆，除少数高峰突出冰面构成岛状山峰外，各种类型冰川地貌都有发育，冰蚀地貌尤其典型，许多山峰岩石嶙峋，角锋尖锐，挺拔峻峭，并有许多冰蚀

崖、U形谷、冰斗、悬谷、冰蚀湖等以及冰碛地貌广泛分布。现在还有1200多条现代冰川，总面积约4000平方千米，其中以中阿尔卑斯山麓瑞士西南的阿莱奇冰川最大，长约22.5千米，面积约130平方千米。

阿尔卑斯山除了主山系外，还有四条支脉伸向中南欧各地：向西一条伸进伊比利亚半岛，称为比利牛斯山脉；向南一条为亚平宁山脉，它构成了亚平宁半岛的主脊；东南一条称迪纳拉山脉，它纵贯整个巴尔干半岛的西侧，并伸入地中海，经克里特岛和塞浦路斯岛直抵小亚细亚半岛；东北一条称喀尔巴阡山脉，它在东欧平原的南侧一连拐了两个大弯然后自保加利亚直临黑海之滨。

大约1.5亿年以前，现在的阿尔卑斯山区还是古地中海的一部分，随后陆地逐渐隆起，形成了高大的阿尔卑斯山脉。整个山区的地壳至今还不稳定，地震频繁。近百万年以来，欧洲经历了几次大冰期，阿尔卑斯山区形成了很典型的冰川地形，许多山峰岩石嶙峋，角峰尖锐，山区还有很多深邃的冰川槽谷和冰碛湖。直到现在，阿尔卑斯山脉中还有1000多条现代冰川，总面积达3600平方千米，比欧洲国家卢森堡还要大。

独特地质

阿尔卑斯山脉是阿尔卑斯造山运动期间涌现出来的，阿尔卑斯造山运动约在中生代将近结束的7000万年前开始的。在中生代期间，河水将被侵蚀的物质冲刷并沉积在被称为特提斯海的广阔洋底，并在这里缓慢变成由石灰岩、黏土、页岩和砂岩组成的水平岩层。

在瑞士意大利边境上的阿尔卑斯山脉的马特峰在第三纪中期，非洲构造板块向北移动，与欧亚构造板块碰撞，那些早先沉入特提斯海的深层岩石被挤压向结晶体的基岩及其周围而形成褶皱,这些深层岩石随同基岩升高至接近今日喜马拉雅山脉的高度。这些构造运动持续到900万年前才停止。在整个第四纪期间,侵蚀的力量啃咬着这庞大的新近形成褶皱而被推挤上来的山脉,形成了今日阿尔卑斯山脉地形的大概轮廓。

在第四纪期间,地形进一步被阿尔卑斯冰川作用和被填满山谷并溢向平原而不断伸展的冰舌塑造成形。如同圆形露天剧场似的凹地,宛如薄刀刨削过的刃岭,诸如马特峰(Matterhorn)、大格洛克纳山(Grossglockner)之类的巍峨山峰,皆从山顶上耸起形成;山谷被扩阔并加深成为一般的U字形,大瀑布从高出主谷底部数几十米的一些悬谷喷泻而出;修长而深不可测的湖泊给许多坚冰刨削后的山谷注满了水;融化的冰川沉积了大量的沙砾。

当冰离开山谷时,无论是对横向山谷或Z字形山谷都是重新向下切削。迄今所有的河谷皆已被侵蚀成海拔大为低于周围的高山。在白朗峰附近的阿尔沃河(ArveRiver)的河谷中,地形凹凸的差异达3.993米以上。

所以冰川作用改变了自然环境:谷地的气候比周围的高处温和得多,人类可深入山区建立居民点,交通便利了;由于冰碛沉积,土质也较为肥沃。在现代,仍有严重的冰川侵蚀在继续。在阿尔卑斯山脉中,仍有上千平方千米以上的冰川。夏季从这些冰川融解而倾泻出来的水对于填补用于发电的水库是很重要的。

气 候 特 征

阿尔卑斯山脉所处的位置,以及各山脉的海拔和方位大不相同,不仅使这些不同的小山脉之间,而且使某一特定小山脉范围内的气候极端不同。由于阿尔卑斯山脉地处欧洲中部,它受到四大气候因素的影响;从西方流来大西洋比较温和的潮湿空气；从北欧下移有凉爽或寒冷的极地空气；大陆性气团控制着东部，冬季干冷、夏季炎热；南边有温暖的地中海空气向北流动。

差别悬殊的气温和年降水量都与阿尔卑斯山脉的自然地理有关。谷底之所以特别引人注目，是因为谷底较周围高地温暖而干燥。海拔1524米以上的地方，冬季降水差不多全都是雪，一般雪深3~10米或10米以上，在海拔2012米处，积雪约从11月中旬延续到5月底，通常高山的山口被积雪封锁。在地中海沿岸的山中，谷底的1月平均温度为-5~4℃，甚至高达8℃，7月平均温度为15~24℃。温度逆增很寻常，尤其在秋、冬季期间很常见；山谷常常是一连好几天布满了浓雾和呆滞沉闷的空气。这些时候，在海拔1006米以上的地方可能要比低洼的谷底较温暖、较阳光明媚。刮风可能在当天天气和当地小气候中发挥明显的作用。

焚风能持续2~3天，风向视气旋的轨迹不同，可以是南—北向或北—南向。这种焚风的气团，在其爬上山顶的过程中被冷却，这就带来降雨或降雪并延缓其冷却速度。当这种比较干燥的空气在背风面降落时，空气由于压缩而按常速变暖，所以这时的空气比它开始向上流动时海拔高度相同之处的温度高一些。在受到影响的地方，雪迅速地消失了。

雪崩是巨大的自然力之一，在11月末到次年6月初这段时间内，雪崩是经常出现的危险。雪崩不仅会造成大面积的毁坏，而且由于它将大量岩石从山坡带到谷底，是侵蚀作用的重要催化剂。

丰富的生态资源

阿尔卑斯山脉中几个植物带，反映了其海拔和气候的差异。在谷底和低矮山坡上生长着各种落叶树木；其中有椴树、栎树、山毛榉、白杨、榆、栗、花楸、白桦、挪威枫等。海拔较高处的树林中，最多的是针叶树，主要的品种为云杉、落叶松及其他各种松树。在西阿尔卑斯山脉的多数地方,云杉占优势的树林最高可达海拔 2195 米。落叶松具有较好的御寒、抗旱和抵抗大风的能力,可在海拔高至 2500 米处生长,在海拔较低处可有云杉混杂其间。在永久雪线以下和林木线以上约 914 米宽的地带是冰川作用侵蚀过的地区;这里覆盖着茂盛的草地,在短暂的盛夏期间有牛羊放牧。这些与众不同的草地——被称为高山盛夏牧场(alpages),阿尔卑斯山脉和植物带都是从这个词衍生出来的——都位于主要的、横向的山谷的上方。在沿海阿尔卑斯山脉南麓和意大利阿尔卑斯山脉南部,主要是地中海植物,有海岸松、棕榈、稀疏的林地和龙舌兰,仙人果也不少。

有少数几种动物对于高山环境已很能适应。熊已消失,但高地山羊(它同岩羚羊一样,动作异常敏捷)却被意大利皇家猎物保护区所挽救。旱獭在地下通道中越冬。山兔和雷鸟(一种松鸡)冬季变成白色(保护色)。在一些小山脉的中间,设有几座国家公园可使当地的动物获得稳妥的保护。

波拉波拉岛

波拉波拉岛(Bora Bora)是太平洋东南部社会群岛岛屿。在南纬 16°30′、西经 151°45′,塔希提岛西北 270 千米。属法属波利尼西亚。陆地面积 38 平方千米。人口 2580 万。由中部主要岛和周围一系列小岛组成。第二次世界大战期间曾是美国海空军基地。是社会群岛最美的岛屿之一。岛西岸的瓦伊塔佩(Vaitape)是主要居民点和港口。北端小岛上有飞机场。产椰子、柑橘、香草等。

美国作家詹姆斯·A·米切纳称社会群岛中的波拉岛是"世界上最美丽的岛屿"。他的小说《南太平洋故事》就是以这个岛屿作为背景的。后来还根据小说改编拍成了一部音乐片。对许多人来说,波拉波拉岛是地球上的天堂。岛上第一批居民于 2000 年前从东南亚来到这里。英国博物学家查尔斯·达尔文最先提出环礁是一种堡礁，它在岛屿周围呈环状向上生长。如果岛屿沉没海中，环礁仍可露出海面。波拉波拉岛正在沉没，某一天只有它的环礁将留下。在第二次世界大战期间，美国政府利用波拉波拉岛作为通往澳大利亚和新西兰航路的中途加油基地。

旅游景观

　　波拉波拉岛属热带气候，四季如夏，平均气温为 20～30℃。4～10 月为最适旅游的季节。波拉波拉岛一座双峰火山的遗迹耸立在该岛中部。奥特马努山现高 725 米，在火山喷发毁去其山顶之前，它曾隆起有海底之上达 5400 米。这座长期熄灭的（死）火山如今覆盖着浓密的绿色森林。美丽的青绿色泻湖环绕在小岛周围，有一条沙坝将泻湖与大海分隔开。沙坝之外是堡礁，几乎呈完美圆形，并点缀着称为"莫图"的小沙岛。如果问珀斯本地人，哪一处是观看珀斯全景的最佳地点，相信大家都会不约而同地表示："去英皇公园。"

　　英皇公园（Kings Park）离市中心不过几分钟的路程。位于伊利莎山顶，占地 1.6 平方千米的英皇公园，有着非常优雅开阔的公园绿地，丰富的鸟类生态，以及广布西澳独特的野花，这是每一位来到珀斯的访客必须前往体验的地点。颇有情趣的是，这里的动物根本不怕人类，即使走到它们身边，也丝毫不会像国内的动物一般，惊惶失措地四处奔走。从地图上也可以看到，珀斯有很长的海岸线，无论我们站在哪个海滩，风景都是如画。比较出名的海滩有 Cottesloe、Scarborough、Two Rock 和 Sorento 等。这些海滩附近有厕所、食品店、酒吧等设施，所以很方便市民。Fremantle 港的附近有很多有特色的古老建筑物。港口附近有很多餐饮店、酒吧、传统市场和商场等。港口边有几家卖 Fish & Chips 的店家，可以边欣赏海景边享用美食。

地球最深的淡水湖

贝加尔湖是世界上容量最大、最深的淡水湖。"贝加尔湖"是英文"baykal"一词的音译，俄语名称"baukaji"源出蒙古语，是由"saii"（富饶的）加"kyji"（湖泊）转化而来，意为"富饶的湖泊"，因湖中盛产多种鱼类而得名。根据布里亚特人的传说，贝加尔湖称为"贝加尔达拉伊"意为"自然的海"。论面积，贝加尔湖在世界湖泊中只占第八位，不如非洲的维多利亚湖和美洲大湖；但若论湖水之深、之洁净，贝加尔湖则无与伦比。

贝加尔湖湖型狭长弯曲，宛如一弯新月，所以又有"月亮湖"之称。它长636千米，平均宽48千米，最宽79.4千米，面积3.15万平方千米，平均深度744米，最深点1680米，湖面海拔456米。贝加尔湖湖水澄澈清冽，且稳定透明（透明度达40.8米），为世界第二。其总蓄水量23 600立方千米，相当于北美洲五大湖蓄水量的总和，约占地表不冻淡水资源总量的1/5。假设贝加尔湖是世界上唯一的水源，其水量也够50亿人用半个世纪。贝加尔湖容积巨大的秘密在于深度，该湖平均水深744米，最深1680米，两侧还有1000～2000米的悬崖峭壁包围着。如果在这个湖底最深处把世界上4幢最高的建筑物一幢一幢地叠起来，第4幢屋顶上的电视天线杆仍然在湖面以下58米，如果我们把高大的泰山放入湖中的最深处，山顶距水面还有100米。

形成的原因

贝加尔湖的产生据说是因为亚洲地壳沿着一条断层慢慢拉开,出现了一条地沟。起初,这条地沟深8千米,但随着岁月流逝逐渐被淤泥填塞,从淤泥中的微生物化石可以显示其形成年代。湖底有温泉喷出,还经常发生微小的地震。有336条河流注入贝加尔湖,但只有一条河——安加拉河从湖泊流出。在冬季,湖水冻结至1米以上的深度,历时4~5个月。但是,湖深处的温度一直保持不变,约3.5℃。

地理位置

贝加尔湖地区阳光充沛,雨量稀少,冬暖夏凉,有矿泉300多处,是俄罗斯东部地区最大的疗养中心和旅游胜地。西伯利亚第二条大铁路——贝阿大铁路,西起贝加尔的乌斯季库特,东抵阿穆尔的共青城。铁路沿湖东行,沿途峭壁高耸,怪石林立,穿行隧道约50处,时而飞渡天桥,时而穿峰过峡,奇险而壮美。

气候环境

贝加尔湖周围地区的冬季气温,平均为-38℃,确实很冷,不过每年1~5月,湖面封冻,放出潜热,已减轻了冬季的酷寒;夏季湖水解冻,大量吸热,降低了炎热程度,因而有人说,贝加尔湖是一个天然双向的巨型"空调机",对湖滨地区的气候起着调节作用。一年之中,尽管贝加尔湖面有5个月结起60厘米厚的冰,但阳光却能够透过冰层,将热能输入湖中形成"温室效应",使冬季湖水接近夏天水温,有利于浮游生物繁殖,从而直接或间接为其他各类水生动物提供了食物,促进了它们的发育生长。据水下自动测温计测定,冬季贝加尔湖的底部水温至少有-4.4℃,比湖的表面水温高。贝加尔湖可调节湖滨的大陆性气候。

地质地貌特点

贝加尔湖和它的汇水区是世界上一个独特的地质体系。贝加尔湖位于西伯利亚东部中心地区,接近亚洲的地理中心。贝加尔湖的山谷洼地是西伯利亚地区重要的自然屏障。这一自然屏障将不同的动植物区分开,在这里生长着许多独特的生物群落。

绝大多数科学家都认为贝加尔湖深处特有的动物残遗种约形成于3000万~2000万年前。绝大多数的湖泊,特别是冰河时期的湖泊,都形成于1.5万~1万年前。然后这些湖泊渐渐被沉积物填满,变成季节性沼泽、沼泽,最后彻底干涸。最近的研究表明贝加尔湖不是一个即将消失的湖泊,而是一个出于初始期的海洋。和非洲大陆以及南美大陆的地中海和红海一样,贝加尔湖的湖岸每年以两厘米的速度向两边拉开。贝加尔湖拥有许多海洋的典型特征——深不可测、巨大的库容、暗流、潮汐、强风暴、大浪、不断变大的裂谷、地磁异常等。贝加尔洼地是不对称的,西部的坡面比东部更加陡峭。

每年贝加尔湖大约会发生两千次地震,其中大多数地震都比较小,只有通过地震仪才能探测到。每隔10~12年会发生一次5~6级的大地震,每隔20~30年会发生一次7~9级的大地震,有时震级可能还会更高。1862年和1959年中部湖盆曾发生过两次大地震。1959年,9.5级的大地震使湖底下降了15~20米。1962年10级的大地震使色楞格北部河口区下沉的面积为200平方千米。最近形成的Proval湾的深度是3米。

资源宝库

湖水是宝。贝加尔湖储存了世界淡水资源的20%，仅这一湖淡水就价值连城。贝加尔湖被誉为"世界之井"，不仅水量丰富，而且水质上乘，可以直接饮用，不必担心水中有病原体，因为湖中的"清洁工"专门为湖水过滤消毒。贝加尔湖特产的端足类虾每天可以把湖面以下50米深的湖水过滤七八次，所以湖水相当"纯净"。

湖中盛产稀有生物物种。贝加尔湖是俄罗斯出产稀有物种最多的地方。这里的稀有物种多是特产，举世难寻，如味道最鲜美的秋白鲑、讨人喜爱的环斑海豹等，举不胜举。

湖底蕴藏着丰富的资源。蓝蓝的湖水下面更是珍宝无数，据考察，贝加尔湖湖底埋藏着丰富的贵金属矿。不仅如此，还在湖底罕见地发现了冻结的沼气和天然气。

地球最大的沙漠

撒哈拉沙漠是世界最大的沙漠，几乎占满整个非洲北部。东西约长4800千米，南北长为1300~1900千米，总面积约8.6万平方千米。撒哈拉沙漠西濒大西洋，北临阿特拉斯山脉和地中海，东为红海，南为萨赫勒一个半干旱的草原地区。

形成原因

（1）北非位于北回归线两侧，常年受副热带高气压带控制，盛行干热的下沉气流，且非洲大陆南窄北宽，受副热带高压带控制的范围大，干热面积广。

（2）北非与亚洲大陆紧邻，东北信风从东部陆地吹来，不易形成降水，使北非更加干燥。

（3）北非海岸线平直，东侧有埃塞俄比亚高原，对湿润气流起阻挡作用，使广大内陆地区受不到海洋的影响。

（4）北非西岸有加那利寒流经过，对西部沿海地区起到降温减湿作用，使沙漠逼近西海岸。

（5）北非地形单一，地势平坦，起伏不大，气候单一，形成大面积的沙漠地区。

撒哈拉的组成

著名的有利比亚沙漠、赖卜亚奈沙漠、奥巴里沙漠、阿尔及利亚的东部大沙漠和西部大沙漠、舍什沙漠、朱夫沙漠、阿瓦纳沙漠、比尔马沙漠等。面积较大的称为"沙海"，沙海由复杂而有规则的大小沙丘排列而成，形态复杂多样，有高大的固定沙丘，有较低的流动沙丘，还有大面积的固定、半固定沙丘。固定沙丘主要分布在偏南靠近草原地带和大西洋沿岸地带。从利比亚往西直到阿尔及利亚的西部是流沙区。流动沙丘顺风向不断移动。在撒哈拉沙漠曾观测到流动沙丘一年移动9米的记录。

地 形 构 造

撒哈拉沙漠主要的地形特色包括浅而季节性泛滥的盆地和大绿洲洼地，高地多石，山脉陡峭，以及遍布沙滩、沙丘和沙海。沙漠中最高点为3415米的库西（Koussi）山顶，位于查德境内的提贝斯提山脉；最低点为海平面下133米，在埃及的盖塔拉洼地（Qattara Depression）。

撒哈拉沙漠约在500万年之前就以气候型沙漠形式出现，即在上新世早期（530万~340万年前）。自从那时起，它就一直经历着干湿情况的变动。

贫瘠的土壤

撒哈拉沙漠的土壤有机物含量低，且常常无生物活动，尽管在某些地区有固氮菌。洼地的土壤常含盐，沙漠边缘上的土壤则含有较集中的有机物质。

气候条件

撒哈拉沙漠气候由信风带的南北转换所控制，常出现许多极端。它有世界上最高的蒸发率，并且有一连好几年没降雨的最大面积记录。气温在海拔高的地方可达到霜冻和冰冻地步，而在海拔低处可有世界上最热的天气。

撒哈拉沙漠由两种气候情势所主宰：北部是干旱副热带气候，南部是干旱热带气候。干旱副热带气候的特征是每年和每日的气温变化幅度大，冷至凉爽的冬季和炎热的夏季至最高的降水量。年平均日气温的年幅度约20℃。平均冬季气温为13℃。夏季极热。利比亚的阿济济耶（Al-Aziziyah）最高气温曾达到创纪录的58℃。年降水量为76毫米，虽然降雨变化极大，多数降水发生在12月至次年3月期间。另一降水高潮是8月，以雷暴形式为其特征。这种暴雨可导致巨大的暴洪冲入无降雨现象的区域。干旱热带气候的特征是随太阳的位置有一个很强的年气温周期；温和干旱的冬季和炎热干旱的季节之后有个反复多变夏雨。撒哈拉沙漠干旱热带区域年平均日温差为17.5℃。最冷月份平均温度与北部副热带地区基本相同，但是日温差没有那么大。春末夏初很热，50℃的高温并不稀罕。虽然干旱热带山丘的降水量全年都很小，低地的夏季一次雨量可达最高。在北部，这类降雨多数都是以雷暴方式发生。年降水量平均约125毫米，

中部山丘有时降雪。沙漠西边缘的冷加那利洋流降低了气温，从而减少了对流雨，但湿度加大还时而出现雾。撒哈拉沙漠南部的冬季是吹哈麦丹风期，这是带沙和其他小尘粒的干燥东北风。

生 态 环 境

撒哈拉沙漠植被整体来说是稀少的，高地、绿洲洼地和干河床四周散布有成片的青草、灌木和树。在含盐洼地发现有盐土植物（耐盐植物）。在缺水的平原和撒哈拉沙漠的高原有某些耐热耐旱的青草、草本植物、小灌木和树。撒哈拉沙漠高地残遗木本植物中重要的有油橄榄、柏和玛树。高地和沙漠的其他地方还发现的木本植物有金合欢属和蒿属（Artemisia）植物、埃及姜果棕、夹竹桃、海枣和百里香。西海岸地带有盐土植物诸如柽柳（Tamarix senegalensis）。草类在撒哈拉沙漠则广泛分布，包括下列品种：三芒草属（Aristida）、画眉草属（Eragrostis）和稷属（Panicum）。大西洋沿岸则有马伴草（Aeluropus littoralis）和其他盐生草。各种短生植物组合构成重要的季节性草场，称作短生植被区。

撒哈拉沙漠北部的残遗热带动物群有热带鲇鱼和丽鱼类，均发现于阿尔及利亚的比斯克拉（Biskra）和撒哈拉沙漠中的孤立绿洲；眼镜蛇和小鳄鱼可能仍生存在遥远的提贝斯提山脉的河流盆地中。

撒哈拉沙漠的哺乳动物种类有沙鼠、跳鼠、开普野兔和荒漠刺猬；柏柏里绵羊和镰刀形角大羚羊、多加斯羚羊、达马鹿和努比亚野驴；安努比斯狒狒、斑鬣狗、一般的胡狼和沙狐；利比亚白颈鼬和细长的獴。

撒哈拉沙漠鸟类超过300种，包括不迁徙鸟和候鸟。沿海地带和内地水道吸引了许多种类的水禽和滨鸟。内地的鸟类有鸵鸟、各种攫禽、鹭鹰、珠鸡和努比亚鸨、沙漠雕鸮、仓鸮、沙云雀和灰岩燕以及棕色颈和扇尾的渡鸦。蛙、蟾蜍和鳄生活在撒哈拉沙漠的湖池中。蜥蜴、避役、石龙子类动物以及眼镜蛇出没在岩石和沙坑之中。

撒哈拉沙漠的湖、池中有藻类、咸水虾和其他甲壳动物。生活在沙漠中的蜗牛是鸟类等动物的重要食物来源。沙漠蜗牛通过夏眠之后存活下来，在由降雨唤醒它们之前它们会几年保持不活动。

地球最大的断裂带

东非大裂谷（East African Great Rift Valley）是大陆上最大的断裂带，从卫星照片上看去犹如一道巨大的伤疤。当乘飞机越过浩瀚的印度洋，进入东非大陆的赤道上空时，从机窗向下俯视，地面上有一条硕大无比的"刀痕"呈现在眼前，顿时让人产生一种惊异而神奇的感觉，这就是著名的"东非大裂谷"，亦称"东非大峡谷"或"东非大地沟"。

由于这条大裂谷在地理上已经实际超过东非的范围，一直延伸到死海地区，因此也有人将其称为"非洲—阿拉伯裂谷系统"。

东非大裂谷地球表面最大裂谷的一部分。从约旦向南延伸，穿过非洲，止于莫桑比克。总长 6400 千米，平均宽度48～64 千米。北段有约旦河、死海和亚喀巴（Aqaba）湾。向南沿红海进入衣索比亚的达纳基勒（Danakil）洼地，继而有肯亚的鲁道夫湖、奈瓦沙（Naivasha）湖和马加迪（Magadi）湖。坦桑尼亚境内一段东缘因受侵蚀已不太明显。裂谷后经希雷（Shire）谷到达莫桑比克的印度洋沿岸。西面一岔裂谷从尼亚沙湖北端呈弧形延伸，经过鲁夸湖、坦葛尼喀（世界第二深湖）、基伏湖、爱德华湖和艾伯特湖。裂谷湖泊多深而似峡湾，裂谷附近高原一般向上朝裂谷倾斜，有些湖底大大低于海平面。至谷底平均落差 600～900 米，有些地段达 2700 米以上。据推测，裂谷形成于上新世和更新世，一些地段同时伴随有大规

模火山活动，因而形成乞力马扎罗山（5895 米）和肯亚山（5199 米）等山峰。这条长度相当于地球周长 1/6 的大裂谷，气势宏伟，景色壮观，是世界上最大的裂谷带，有人形象地将其称为"地球表皮上的一条大伤痕"，古往今来不知迷住了多少人。

形成的原因

在 1000 多万年前，地壳的断裂作用形成了这一巨大的陷落带。板块构造学说认为，这里是陆块分离的地方，即非洲东部正好处于地幔物质上升流动强烈的地带。在上升流作用下，东非地壳抬升形成高原，上升流向两侧相反方向的分散作用使地壳脆弱部分张裂、断陷而成为裂谷带。张裂的平均速度为每年 2～4 厘米，这一作用至今一直持续不断地进行着，裂谷带仍在不断地向两侧扩展着。由于这里是地壳运动活跃的地带，因而多火山多地震。

东非大裂谷是纵贯东部非洲的地理奇观，是世界上最大的断层陷落带，有地球的伤疤之称。据说由于约 3000 万年前的地壳板块运动，非洲东部地层断裂而形成。有关地理学家预言，未来非洲大陆将沿裂谷断裂成两个大陆板块。

东非大裂谷是怎样形成的呢？据地质学家们考察研究认为，大约 3000 万年以前，由于强烈的地壳断裂运动，使得同阿拉伯古陆块相分离的大陆漂移运动而形成这个裂谷。那时候，这一地区的地壳处在大运动时期，整个区域出现抬升现象，地壳下面的地幔物质上升分流，产生巨大的张力，正是在这种张力的作用之下，地壳发生大断裂，从而形成裂谷。由于抬升运动不断地进行，地壳的断裂不断产生，地下熔岩不断地涌出，渐渐形成了高大的熔岩高原。高原上的火山则变成众多的山峰，而断裂的下陷地带则成为大裂谷的谷底。

据地球物理勘探资料分析，得出结论认为，东非裂谷带存在着许多活火山，抬升现象迄今仍然在不停地向两翼扩张，虽然速度非常缓慢，近 200 万年来，平均每年的扩张速度仅仅为 2～4 厘米，但如果依此不停地发展下去，未来的某一天，东非大裂谷终会将它东面的陆地从非洲大陆分离出去，从而产生一片新的海洋以及众多的岛屿。

东非大裂谷还是人类文明最早的发祥地之一，20 世纪 50 年代末期，在东非大裂谷东支的西侧、坦桑尼亚北部的奥杜韦谷地，发现了一具史前人的头骨化石，据测定分析，生存年代距今足有200万年，这具头骨化石被命名东非勇士为"东非人"。1972年，在裂谷北段的图尔卡纳湖畔，发掘出一具生存年代已经有290万年的头骨，其形状与现代人十分近似，被认为是已经完成从猿到人过渡阶段的典型的"能人"。1975年，在坦桑尼亚与肯尼亚交界处的裂谷地带，发现了距今已经有350万年的"能人"遗骨，并在硬化的火山灰烬层中发现了一段延续22米的"能人"足印。这说明，早在350万年以前，大裂谷地区已经出现能够直立行走的人，属于人类最早的成员。

东西两支裂谷

这条裂谷带位于非洲东部，南起赞比西河口一带，向北经希雷河谷至马拉维湖（尼亚萨湖）北部后分为东、西两支。

东支裂谷带：是主裂谷，沿维多利亚湖东侧，向北经坦桑尼亚、肯尼亚中部，穿过埃塞俄比亚高原入红海，再由红海向西北方向延伸抵约旦谷地，全长近6000千米。这里的裂谷带宽几十至200千米，谷底大多比较平坦。裂谷两侧是陡峭的断崖，谷底与断崖顶部的高差从几百米到2000米不等。

西支裂谷带：大致沿维多利亚湖西侧由南向北穿过坦噶尼喀湖、基伍湖等一串湖泊，向北逐渐消失，规模比较小，全长1700多千米。东非裂谷带两侧的高原上分布有众多的火山，如乞力马扎罗山、肯尼亚山、尼拉贡戈火山等，谷底则有呈串珠状的湖泊30多个。这些湖泊多狭长水深，其中坦噶尼喀湖南北长670千米，东西宽40~80千米，是世界上最狭长的湖泊，平均水深达1130米，仅次于北亚的贝加尔湖，为世界第二深湖。

罕见的奇观

裂谷底部是一片开阔的原野，20多个狭长的湖泊，有如一串串晶莹的蓝宝石，散落在谷地。中部的纳瓦沙湖和纳库鲁湖是鸟类等动物的栖息之地，也是肯尼亚重要的游览区和野生动物保护区，其中的纳瓦沙湖湖面海拔1900米，是裂谷内最高的湖。南部马加迪湖产天然碱，是肯尼亚重要矿产资源。北部图尔卡纳湖，是人类发祥地之一，曾在此发现过260万年前古人类头盖骨化石。

东非大裂谷还是一座巨型天然蓄水池，非洲大部分湖泊都集中在这里，大大小小约有30来个，例如阿贝湖、沙拉湖、图尔卡纳湖、马加迪湖、（位于东、西两支裂谷带之间高原面上）维多利亚湖、基奥加湖等，属陆地局部凹陷而成的湖泊，湖水较浅，前者为非洲第一大湖。马拉维湖（长度相当于其最大宽度7倍，最深达706米，为世界第四深湖）、坦噶尼喀湖（长度相当于其最大宽度的10.3倍，最深处达1470米，为世界第二深湖）等。这些湖泊呈长条状展开，顺裂谷带宫成串珠状，成为东非高原上的一大美景。

这些裂谷带的湖泊，水色湛蓝，辽阔浩荡，千变万化，不仅是旅游观光的胜地，而且湖区水量丰富，湖滨土地肥沃，植被茂盛，野生动物众多，大象、河马、非洲狮、犀牛、羚羊、狐狼、红鹤、秃鹫等都在这里栖息。坦桑尼亚、肯尼亚等国政府，已将这些地方辟为野生动物园或者野生动物自然保护区，比如，位于肯尼亚峡谷省省会纳库鲁近郊的纳库鲁湖，是一个鸟类资源丰富的湖泊，共有鸟类400多种，是肯尼亚重保护的国家公园。在众多的鸟类之中，有一种火烈鸟，被称为世界上最漂亮的鸟，一般情况下，有5万多只火烈鸟聚集在湖区，最多时可达到15万多只。当成千上万只鸟儿在湖面上飞翔或者在湖畔栖息时，远远望去，一片红霞，十分好看。

有许多人在没有见东非大裂谷之前，凭他们的想象认为，那里一定是一条狭长、黑暗、阴森、恐怖的断涧深，其间荒草漫漫，怪石嶙峋，杳无人烟。

其实，当你来到裂谷之处，展现在眼前的完全是另外一番景象：远处，茂密的原始森林覆盖着连绵的群峰，山坡上长满了盛开着的紫红色、淡黄色花朵的仙人滨、仙人球，近处，草原广袤，翠绿的灌木丛散落其间，野草青青，花香阵阵，草原深处的几处湖水波光闪时，山水之间，白云飘荡。裂谷底部，平平整整、坦坦荡荡、牧草丰美、林木葱茏、生机盎然。

湖　　区

裂谷地带由于雨量充沛，土地肥沃，是肯尼亚主要的农业区。东非大裂谷带湖区，河流从四周高地注入湖泊，湖区雨量充沛，河网稠密。

马隆贝湖是马拉维南部湖泊。北距马拉维湖南口仅19千米。长29千米，宽14.5千米，面积420平方千米。水深10～13米。地处东非大裂谷南段，希雷河流贯。原为马拉维湖一部分，因水面下降而分出。富水产，渔业发达。有通航之利。人类非洲起源说是目前的主流学说。科学家在东非大裂谷地带发现了大量的早期古人类化石，尤其"露西"的骨架化石同时呈现了人、猿的形态结构特点。东非大裂谷带也是非洲地震最频繁、最强烈的地区。

在肯尼亚境内，裂谷的轮廓非常清晰，它纵贯南北，将这个国家劈为两半，恰好与横穿全国的赤道相交叉，因此，肯尼亚获得了一个十分有趣的称号："东非十字架"。

裂谷两侧，断壁悬崖，山峦起伏，犹如高耸的两垛墙，首都内罗毕就坐落在裂谷南端的东"墙"上方。登上悬崖，放眼望去，只见裂谷底部松柏叠翠、深不可测，那一座座死火山就像抛掷在沟壑中的弹丸，串串湖泊宛如闪闪发光的宝石。裂谷南侧的肯尼亚山，海拔5199米，是非洲第二高峰。